高等学校教材

TONGXIN YUANLI SHIYAN JIAOCHENG

通信原理实验教程

（含报告册）

张会生　赵瑄　孟昭红　编

西北工业大学出版社

【内容简介】 本书是根据"通信原理"课程教学大纲要求编写的一本实验教学指导书,全书共 18 个实验,包括"通信原理"课程的数字基带信号、数字调制、模拟相环与载波同步、数字解调、全数字锁相环与位同步、帧同步、数字基带通信系统、2DPSK 和 2FSK 通信系统、AM 调制解调、抽样定理与 PAM 系统、PCM 编译码、增量调制编译码、话音信号多编码通信系统、码型变换、数字多路数据单路传输、汉明码编译码、噪声及其对通信系统的干扰以及眼图测量等主要实验内容及相关实验仪器使用。

本书可作为普通高等学校本科、成人高等学校的通信、电子、计算机应用、信号检测和自动化等专业的通信原理实验教材,也可作为相关专业学生和工程技术人员的参考书。

图书在版编目(CIP)数据

通信原理实验教程:含报告册/张会生,赵瑄,孟昭红编 . —西安:西北工业大学出版社,2017.3
(2020.8 重印)
ISBN 978 - 7 - 5612 - 5219 - 2

Ⅰ.①通… Ⅱ.①张… ②赵… ③孟… Ⅲ.①通信原理—实验—高等学校—教材
Ⅳ.①TN911 - 33

中国版本图书馆 CIP 数据核字(2017)第 025178 号

策划编辑:华一瑾
责任编辑:华一瑾

出版发行:西北工业大学出版社
通信地址:西安市友谊西路 127 号   邮编:710072
电　　话:(029)88493844,88491757
网　　址:www.nwpup.com
印 刷 者:兴平市博闻印务有限公司
开　　本:787 mm×1 092 mm   1/16
印　　张:15
字　　数:336 千字
版　　次:2017 年 3 月第 1 版   2020 年 8 月第 2 次印刷
定　　价:38.00 元(全 2 册)

前 言

"通信原理"作为高等工科院校电子信息类专业重要的技术基础课,具有很强的理论性和实践性,其相应的实验教学对于学生掌握基础理论知识,培养基本实验技能、专业技术应用能力和职业素质具有重要作用。

本书作为通信原理实验课程的配套教材,旨在让学生了解常见的通信系统,加深对通信原理的理解,培养独立解决问题的能力。全书共 18 个典型实验,每个实验后均有一定数量的实验分析思考题。

在"通信原理实验室"建设和与之配套的实验教材《通信原理实验教程》的编写中,主要考虑了以下原则与特点。

(1)在实验项目的设计上,采用模块化结构,力求通过不同的实验,便于学生掌握更多的通信技术概念。

(2)在实验指导内容的编写上,力求做到实验原理讲述清楚、实验步骤详细以及实验方案选择多样化,方便教师教学指导和学生自学使用。

(3)实验内容力求有利于学生动手能力和实际技能的培养。本书不仅重视实验原理和结论,而且重视实验过程,重视实验方法和思路,以及重视仪器仪表的使用。

(4)注重系统性和全面性。力求使学生对通信原理课程有一个较为全面的认识,为学习后续课程和从事实践技术工作具有良好的指导作用。

(5)各实验相互独立,不同层次不同需要的学生可根据本专业教学要求自由选择,也可自行开发实验内容。

全书内容丰富、概念清晰、指导性强,既便于教师组织实验教学,又利于学生自学。本书可作为普通高等学校本科、成人高等学校的通信、电子、计算机应用、信号检测及自动化等专业的实验教材,也可供相关专业学生和工程技术人员参考。

本书编写所依托的"通信原理实验室",是国家级"211 工程""985 工程"项目资助建设的。同时本书的出版得到西北工业大学校规划教材项目和明德学院院规划教材项目资助,在此一并表示衷心的感谢。

由于水平有限,书中难免有疏漏甚至错误之处,欢迎各位读者批评指正。

编 者
2016 年 3 月

目　　录

第 1 部分　实验基础知识

1.1 概　　述

通信原理是高等工科院校电子信息类各专业的重要技术基础课,旨在全面系统地讲述现代通信系统的基本原理、基本性能和基本分析方法,使学生通过本课程的学习,掌握通信原理的基础知识和基本技术,掌握通信系统一般问题的分析方法,为后续专业课程的学习打好坚实的基础。

技术基础课这一地位,决定了通信原理具有很强的理论性和实践性。因此,除了良好的课堂理论教学外,还必须有良好的实验课程教学。实验课程的主要任务是:加深学生对通信原理基本知识及基本概念的理解;提高学生理论联系实际的能力;培养学生实践动手能力和分析解决通信工程中实际问题的能力。

为了实现上述目的,我们选用北京精仪达盛科技有限公司研制的"通信原理Ⅵ型实验系统"作为平台,进行通信原理实验项目的开发,以及实验教学内容的组织。通信原理Ⅵ型实验系统具有如下特色。

(1)实验内容丰富,涵盖了通信原理课程所学的模拟调制系统、数字基带传输系统、数字通信频带传输系统、模拟信号的数字传输系统等主要内容。

(2)采取模块化结构,利于学生依据知识的掌握程度,方便地完成以掌握知识点为核心的单元实验,或以分析系统为核心的综合实验。

(3)各主要单元模块电路组成透明,测试点丰富,使学生不仅能够学会通信原理的相关知识,还可深入了解有关电子电路的实际应用,利于学生多科知识的融会掌握。

1.2 实验系统及实验内容简介

通信原理Ⅵ型实验系统包括了通信系统的各个主要部分,具体由以下 20 个单元组成,其印制板布局图如图 1.2.1(a)～1.2.1(h)所示。

(1)数字信源单元;

(2)数字调制单元;

(3)载波同步单元;

(4)2DPSK 解调单元;

(5)2PSK 解调单元;

(6)位同步单元;

(7)帧同步单元;

(8)数字终端单元;

(9)PCM 编译码单元;

(10)ADPCM 编译码单元;

(11)AM 调制解调单元;

(12)PAM 调制解调单元;

(13)CVSD 调制解调单元;

(14)高低频正弦信号单元;

（15）AMI/HDB3 编译码单元；

（16）可编程逻辑器件单元；

（17）信道单元；

（18）眼图单元；

（19）语音放大单元；

（20）RS232 接口单元。

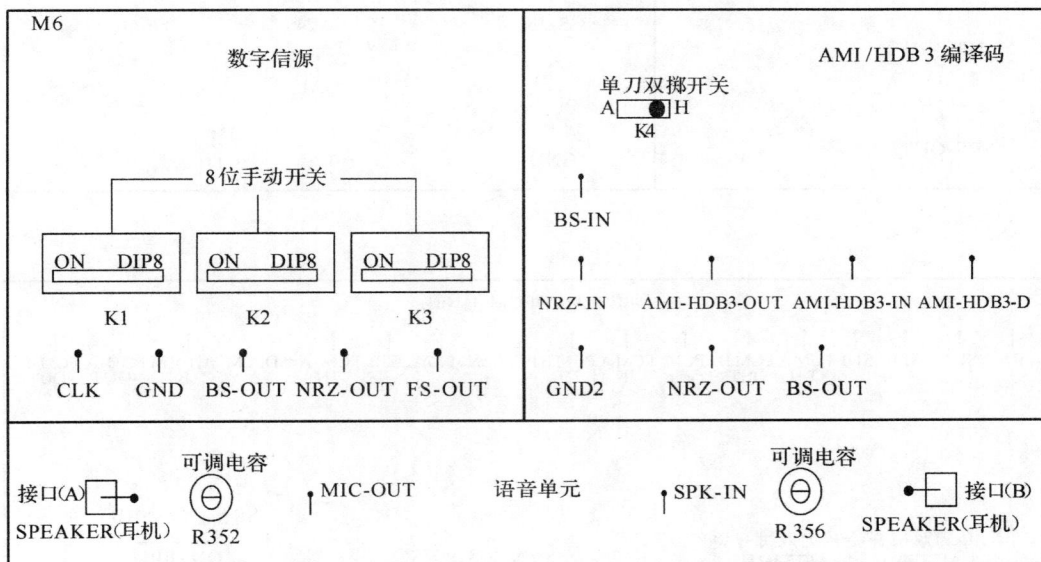

（a）

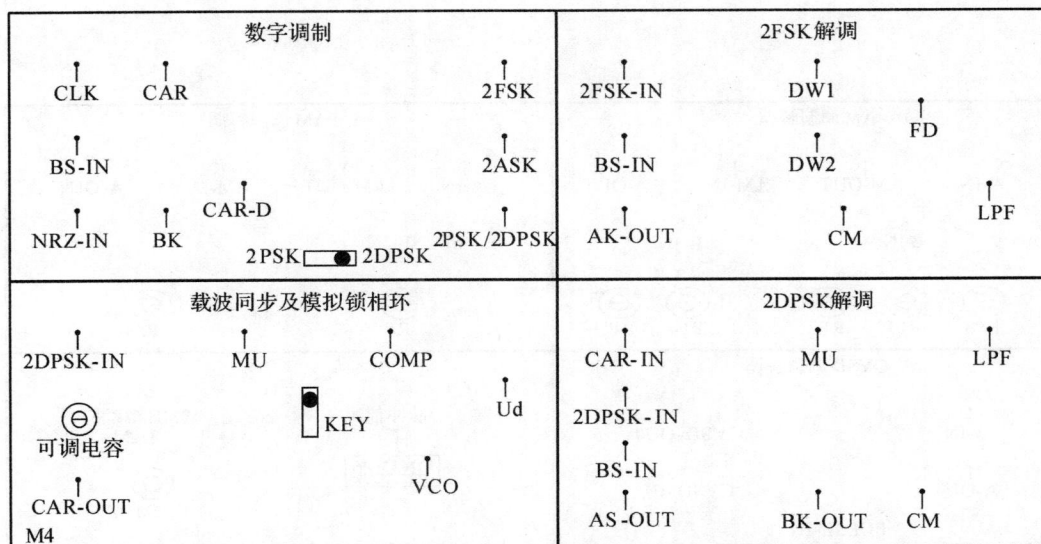

（b）

图 1.2.1　通信原理Ⅵ型实验系统布局图

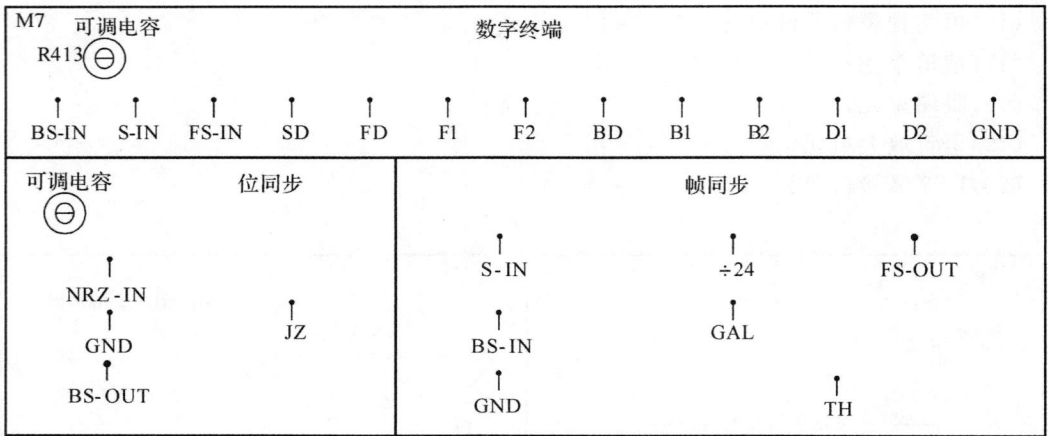

（c）

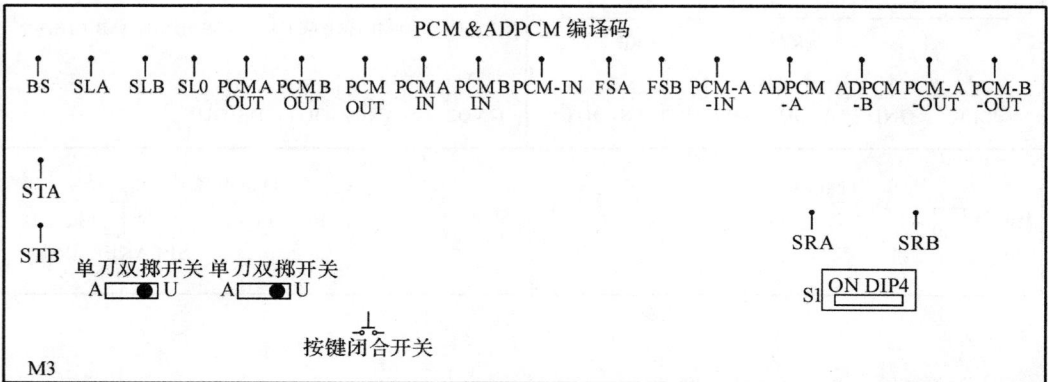

（d）

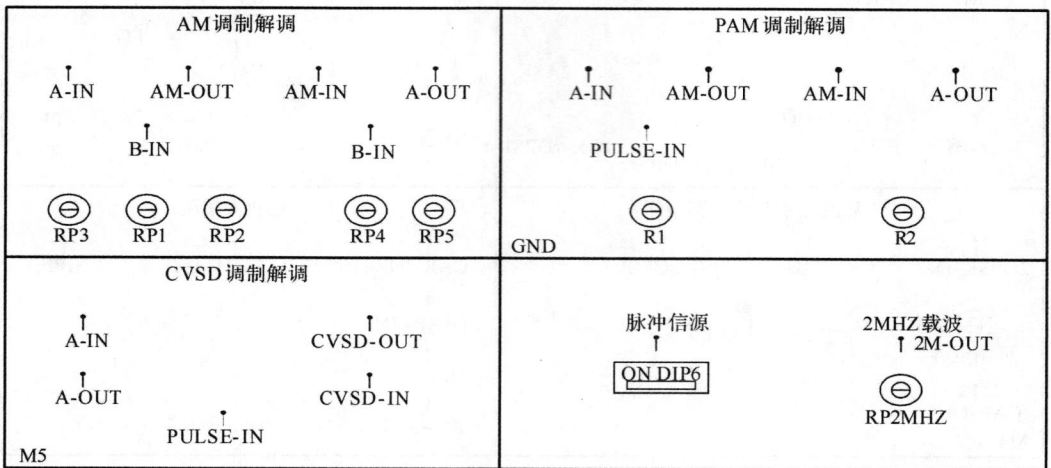

（e）

续图 1.2.1　通信原理Ⅵ型实验系统布局图

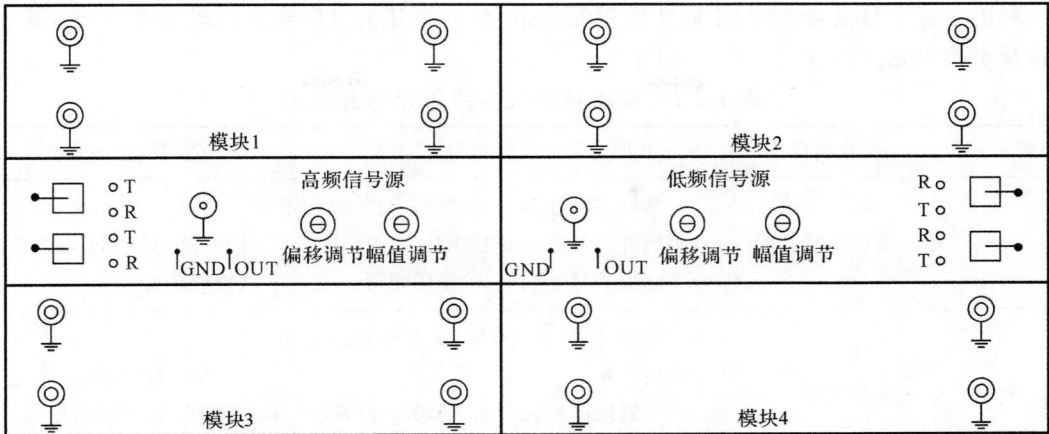

(f)

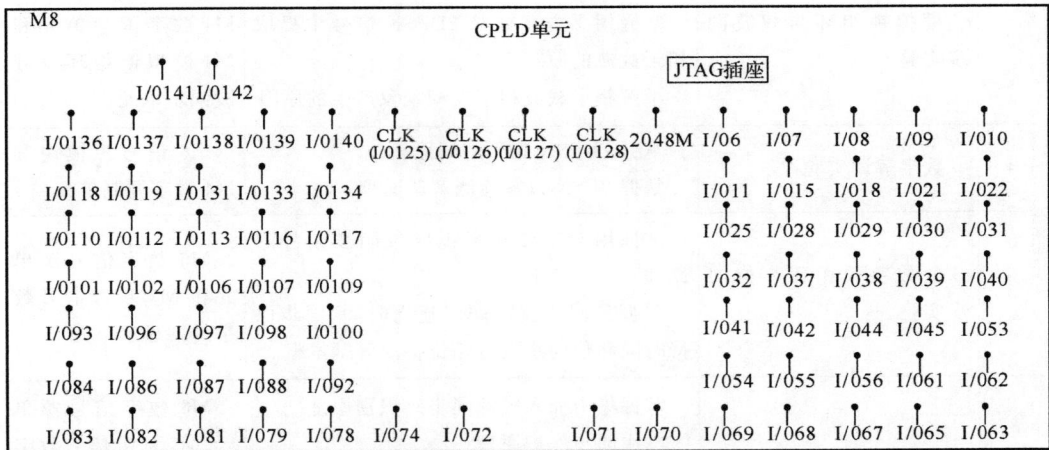

(g)

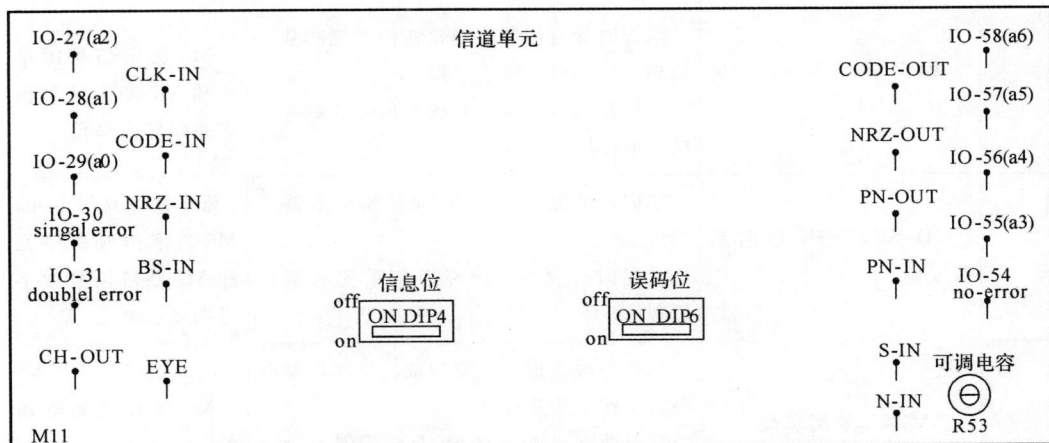

(h)

续图 1.2.1　通信原理Ⅵ型实验系统布局图

利用本套实验设备,进行不同实验单元的组合,共可开设典型通信原理实验 18 个,其实验内容及实验单元组合方式见表 1.2.1。

表 1.2.1　实验项目及实验单元组合方式

序号	实验项目	实验内容	使用的实验单元
1	数字基带信号实验	掌握单极性码、双极性码、归零码和不归零码等基带信号波形特点 掌握 AMI,HDB$_3$ 的编码规则	M6 数字信源单元和 M6AMI/HDB3 编译码单元
2	数字调制实验	掌握绝对码、相对码概念及它们之间的变换关系 掌握用键控法产生 2ASK,2FSK,2PSK,2DPSK 信号的方法	M6 数字信源单元和 M4 数字调制单元
3	模拟锁相环与载波同步实验	掌握模拟锁相环的工作原理 掌握用平方环法从 2DPSK 信号中提取相干载波的原理 了解相干载波相位模糊现象产生的原因	M6 数字信源单元、M4 数字调制单元和 M4 模拟锁相环及载波同步单元
4	数字解调实验	掌握 2DPSK 相干解调原理 掌握 2FSK 过零检测解调原理	M6 信号源模块和 M4 数字调制单元
5	全数字锁相环与位同步实验	掌握用数字锁相环提取位同步信号的原理 掌握位同步器的同步建立时间、同步保持时间和位同步信号相位抖动等基本概念	M6 数字信号源单元和 M7 基带信号数字终端显示单元
6	帧同步实验	掌握集中插入式帧同步码识别原理 掌握同步保护原理 掌握假同步、漏同步、捕捉态和维持态等概念	M6 数字信号源单元、M7 基带信号数字终端显示单元和 M7 帧同步单元
7	数字基带通信系统实验	掌握时分复用数字基带通信系统的基本原理及数字信号传输过程 掌握位同步信号和帧同步信号在数字分接中的作用	M6 数字信号源单元和 M7 基带信号数字终端显示单元
8	2DPSK,2FSK 通信系统实验	掌握时分复用 2DPSK 通信系统的基本原理 掌握时分复用 2FSK 通信系统的基本原理	M4 数字调制单元、M6 数字信号源单元和 M7 基带信号数字终端显示单元
9	AM 调制解调实验	掌握集成模拟乘法器构成的振幅调制电路的工作原理及特点 学习调制系数 m 测量方法,了解 $m < 1$ 和 $m = 1$ 及 $m > 1$ 时调幅波的波形特点	M5 模拟调制解调单元

续表

序号	实验项目	实验内容	使用的实验单元
10	抽样定理与 PAM 系统实验	熟悉 PAM 工作原理 验证并理解抽样定理 通过对 PAM 调制与解调电路的基本组成、波形和所测数据分析,了解 PAM 调制方式的优缺点	M5 模拟调制解调单元
11	PCM 编译码实验	掌握 PCM 编译码原理 掌握 PCM 基带信号的形成及分接过程 掌握 PCM 编译码系统的动态范围和频率特性的定义及测量方法	M3:PCM 与 ADPCM 编译码单元
12	增量调制编译码实验	了解语音信号 CVSD 的编译码原理 了解语音信号数字化技术的主要指标,学习对这些技术指标的测试方法	M5CVSD 调制单元
13	话音信号多编码通信系统实验	了解话音信号的传输过程 了解话音信号不同方式的传输方法 加深对话音信号的多种编码原理的理解	M6 信源单元、M5 数字调制单元和 M6 麦克风和扬声器
14	码型变换	了解 CMI,BHP,Miller 等基带信号波形特点 掌握 CMI,BHP,Miller 的编码规则 掌握 CMI,BHP,Miller 的译码规则	M6 信源单元和 M8CPLD 单元
15	数字多路数据单路传输实验	了解多路数据的串行化方法 了解多路数据的单路传输的过程	M6 信源单元和 M8CPLD 单元
16	汉明码编译码实验	掌握汉明编/译码规则,理解汉明码编/译码器设计原理 比较并分析汉明码中校正子对错误更正的影响	M6 信源单元和 M11 信道单元
17	噪声及其对通信系统的干扰实验	理解噪声的特点与性质 掌握噪声的产生方法 理解噪声对通信系统性能的影响	M6 信源单元和 M11 信道单元
18	眼图测量实验	理解眼图的定义及模型 掌握通信系统性能的简单测试方法	M6 信源单元和 M11 信道单元

1.3　实　验　仪　器

通信原理Ⅵ型实验系统内带开关电源,实验时只需将实验系统接入 220 V 市电即可。实验前需观察开关附近的电源指示灯是否正常,并用万用表检查电源电压值(指示灯上方有电源电压测试点)。

　　用通信原理Ⅵ型实验系统做实验,必须具备双踪示波器、任意波形发生器和数字万用表等仪器,在某些实验中,还会用到频率计、失真度检测仪、频谱仪等设备。

　　本实验室采用的是先进的 Ailent54621D 混合信号示波器和 Agilent33220A 任意波形发生器,具有开设高水平通信技术实验的能力。除可与通信原理Ⅵ型实验系统配合可开发出典型通信原理实验 18 个外,还可单独开设若干个通信常用仪器使用实验。

　　此外,教材中还给出了"AgilentESA4411B 频谱分析仪操作菜单""E4438CESG 矢量信号发生器使用说明",对有条件的学校而言,学生借此可以开展更为深刻的通信原理实验,学到更多的实验仪器使用。

1.4　实　验　要　求

　　实验要求具体如下:

　　(1)实验前应认真阅读实验指导书,明确实验目的和要求,了解实验原理和内容,掌握实验步骤及注意事项。

　　(2)使用仪器和实验系统前必须了解其性能、操作方法及注意事项,在使用时应严格遵守。

　　(3)实验时接线要认真,相互仔细检查,确定无误后才能接通电源,没有把握的学生应经指导教师审查同意后再接通电源。

　　(4)实验时应注意观察,若发现有破坏性异常现象(例如有元件冒烟、发烫或有异味)应立即关断电源,保持现场,报告指导教师。找出原因、排除故障,经指导教师同意后再继续实验。

　　(5)实验过程中需要改接线时,应关断电源后才能拆线和接线。

　　(6)实验过程中应仔细观察实验现象,认真记录实验结果(数据、波形和现象)。所记录的实验结果经指导教师审阅签字后再拆除实验线路。

　　(7)实验结束后,必须关断电源、拔出电源插头,并将仪器、设备、工具和导线等按规定整理。

　　(8)实验后每个同学必须按要求独立完成实验报告,包括以下内容。

　　1)实验仪器名称、型号和编号。

　　2)实验数据整理和实验现象分析。

　　3)实验方法及仪器使用总结。

　　4)问题讨论。

第 2 部分　基础实验

2.1 实验 1 数字基带信号实验

【实验目的】

(1)掌握单极性码、双极性码、归零(RZ)码、非归零(NRZ)码等基带信号波形特点。

(2)掌握 AMI,HDB$_3$ 的编码规则。

(3)掌握从 HDB$_3$ 码信号中提取位同步信号的方法。

(4)掌握集中插入帧同步码时分复用信号的帧结构特点。

(5)了解 HDB$_3$(AMI)编译码集成电路 CD22103。

【实验内容】

(1)数字基带信号传输。

(2)对数字基带信号进行 AMI,HDB$_3$ 的编译码。

【实验原理】

本实验使用数字信源模块和 HDB$_3$/AMI 编译码模块。

1. 数字信源模块

本模块是整个实验系统的发终端,其原理方框图如图 2.1.1 所示。

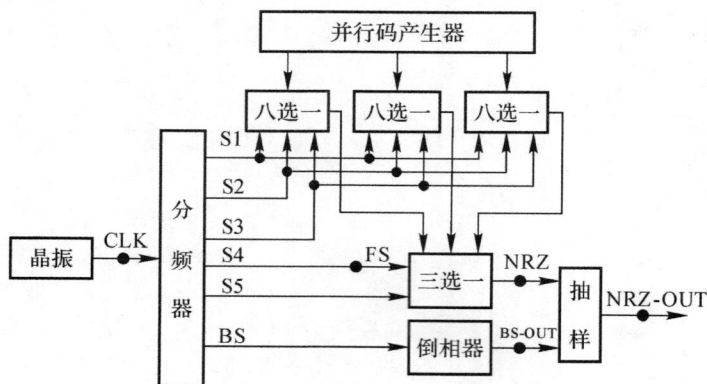

图 2.1.1 数字信源方框图

本模块产生 NRZ 信号,信号码速率约为 170.5 kB,帧结构如图 2.1.2 所示。帧长为 24 位,其中首位无定义,第 2 位到第 8 位是帧同步码(7 位巴克码 1110010),另外 16 位为 2 路数据信号,每路 8 位。此 NRZ 信号为集中插入帧同步码的时分复用信号。发光二极管亮状态表示 1 码,熄状态表示 0 码。

本模块有以下测试点及输入输出点。

• CLK——晶振信号测试点;

- BS – OUT——信源位同步信号输出点/测试点；
- FS——信源帧同步信号输出点/测试点；
- NRZ – OUT——NRZ 信号输出点/测试点。

图 2.1.2　帧结构

图 2.1.3 所示为数字信源模块的电原理图,图 2.1.1 中各单元与图 2.1.3 中的元器件对应关系如下。

- 晶振——CRY:晶体;U1:反相器 74LS04。
- 分频器——U2:计数器 74LS161;U3:计数器 74LS193;U4:计数器 74LS160。
- 并行码产生器——K1,K2,K3:8 位手动开关,从左到右依次与帧同步码、数据 1、数据 2
相对应;发光二极管左起分别与一帧中的 24 位代码相对应。
- 八选——U5,U6,U7:8 位数据选择器 74LS151。
- 三选——U8:8 位数据选择器 74LS151。
- 倒相器——U20:非门 74LS04。
- 抽样——U9:D 触发器 74HC74。

图 2.1.3 中,各主要单元工作原理如下。

(1)分频器。

74LS161(U2)进行 13 分频,输入信号频率为 4 433 kHz,输出信号频率为 341 kHz。74LS161 是一个 4 位二进制加计数器,预置在 3 状态。

74LS193(U3)完成 $\div 2$,$\div 4$,$\div 8$,$\div 16$ 运算,输出 BS,S1,S2,S3 等 4 个信号。BS 为位同步信号,频率为 170.5 kHz。S1,S2,S3 为 3 个选通信号,频率分别为 BS 信号频率的 1/2,1/4 和 1/8。74LS193 是一个 4 位二进制加/减计数器,当 CPD= $\overline{PL}$ =1,MR=0 时,可在 Q_0,Q_1,Q_2 及 Q_3 端分别输出上述 4 个信号。

74SL160(U4)是一个二-十进制加计数器,预置在 7 状态,完成 $\div 3$ 运算,在 Q_0 和 Q_1 端分别输出选通信号 S4,S5,这两个信号的频率相等,均为 S3 信号频率的 1/3。

分频器输出的 S1,S2,S3,S4,S5 等 5 个信号的波形如图 2.1.4 所示。

(2)八选一。

采用 8 路数据选择器 74LS151,它内含了 8 路传输数据开关、地址译码器和三态驱动器,其真值表见表 2.1.1。U5,U6 和 U7 的地址信号输入端 A,B,C 并联在一起并分别接 S1,S2,S3 信号,它们的 8 个数据信号输入端 D0~D7 分别与 K1,K2,K3 输出的 8 个并行信号连接。由表 2.1.1 可以分析出 U5,U6,U7 输出信号都是码速率为 170.5 KB、以 8 位为周期的串行信号。

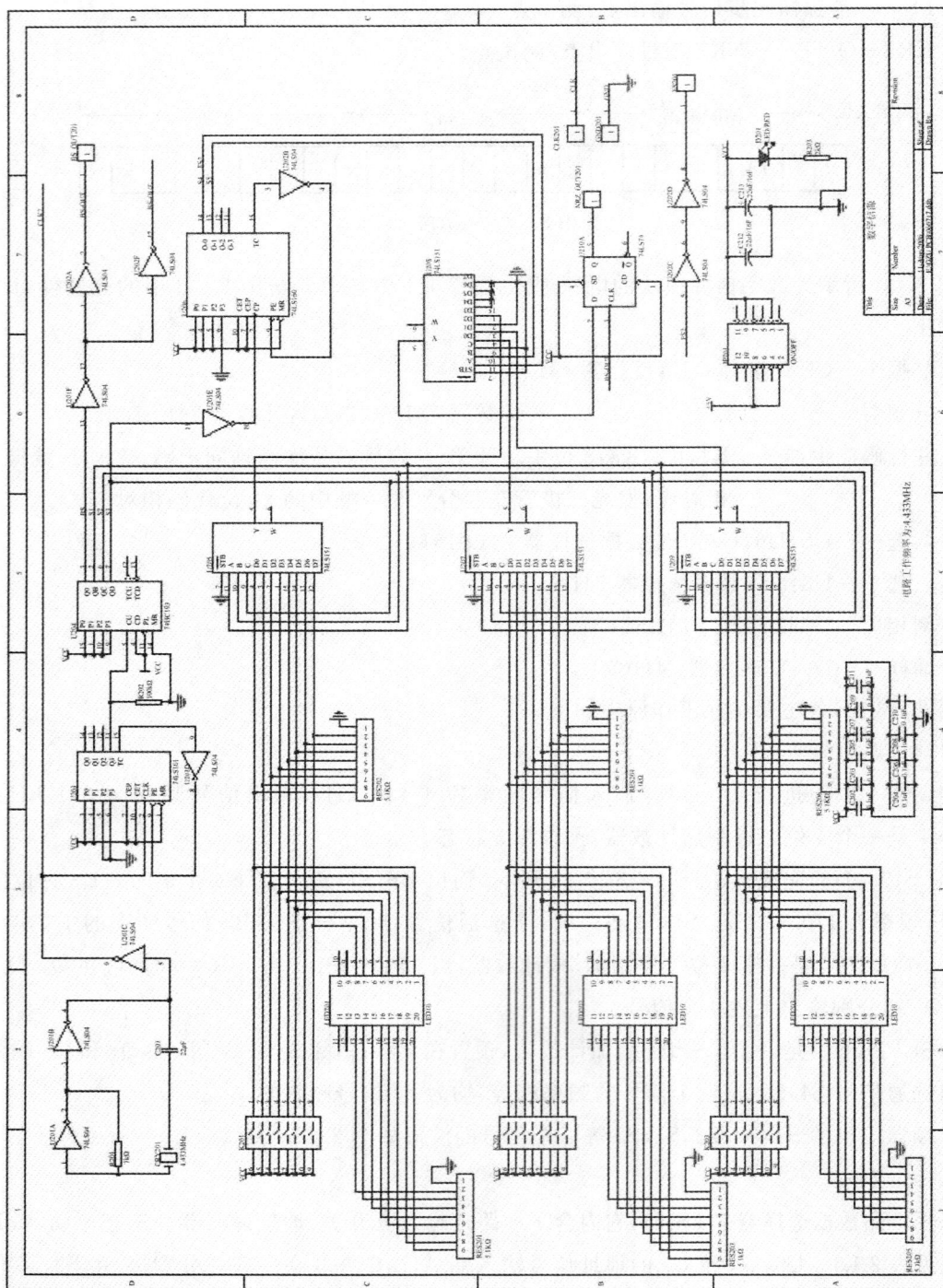

图 2.1.3 数字信源电原理图

表 2.1.1　74LS151 真值表

C	B	A	STR	Y
0	0	0	0	x0
0	0	1	0	x1
0	1	0	0	x2
0	1	1	0	x3
1	0	0	0	x4
1	0	1	0	x5
1	1	0	0	x6
1	1	1	0	x7
Φ	Φ	Φ	1	0

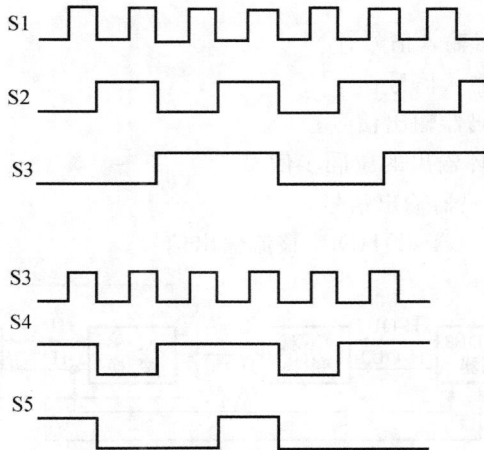

图 2.1.4　分频器输出信号波形

（3）三选一。

三选一电路原理同八选一电路原理。S4,S5 信号分别输入 U8 的地址端 A 和 B,U5,U6,U7 输出的 3 路串行信号分别输入 U8 的数据端 D3,D0,D1,U8 的输出端即是一个码速率为 170.5 kB 的两路时分复用信号,此信号为单极性非归零信号(NRZ)。

（4）倒相与抽样。

图 2.1.1 中的 NRZ 信号的脉冲上升沿或下降沿比 BS 信号的下降沿稍有点迟后。在实验 2 的数字调制模块中,有一个将绝对码变为相对码的电路,要求输入的绝对码信号的上升沿及下降沿与输入的位同步信号的上升沿对齐,而这两个信号由数字信源提供。倒相与抽样电路就是为了满足这一要求而设计的,它们使 NRZ－OUT 及 BS－OUT 信号满足数字调制模块中码变换电路的要求。

FS 信号可用作示波器的外同步信号,以便观察 2DPSK 等信号。FS 信号和 NRZ－OUT

信号之间的相位关系如图 2.1.5 所示,图中 NRZ - OUT 的无定义位为 0,帧同步码为 1110010,数据 1 为 11110000,数据 2 为 00001111。FS 信号的高电平和低电平持续时间分别 为 16 位和 8 位数字信号时间,其上升沿比 NRZ - OUT 码第一位起始时间超前一个码元。

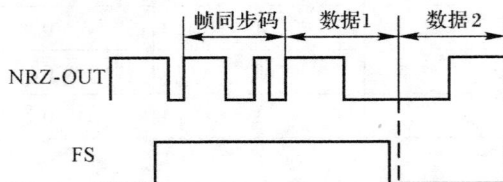

图 2.1.5　FS,NRZ - OUT 波形

2. AMI/HDB₃ 编译码

本模块的原理框图、电原理图分别如图 2.1.6 和图 2.1.7 所示,图中的 NRZ - IN 来自信源 模块的输出信号 NRZ - OUT,BS - IN 来自信源模块的输出位定时信号 BS - OUT。本模块 有以下测试点及输出点。

- NRZ - IN——编码器输入信号;
- BS - IN——位同步输入信号;
- NRZ - OUT——译码器输出信号;
- BS - OUT——锁相环输出的位同步信号;
- (AMI)HDB₃——编码器输出信号;
- (AMI)HDB₃ - D——(AMI)HDB₃ 整流输出信号。

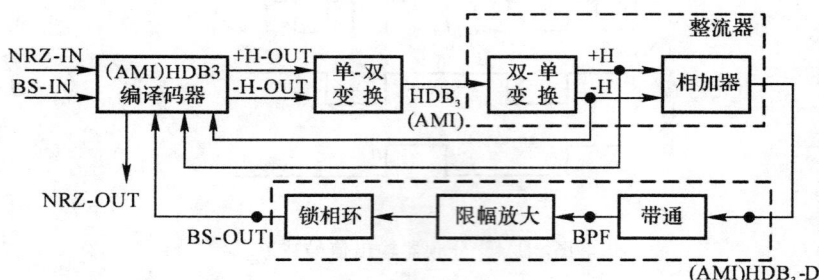

图 2.1.6　AMI/HDB₃ 编译码方框图

本模块上的开关 K4 用于选择码型,K4 位于左边(A 端)选择 AMI 码,位于右边(H 端)选 择 HDB₃ 码。

图 2.1.6 中各模块与图 2.1.7 各模块器件的对应关系如下。

- HDB₃ 编译码器——U9:HDB₃ 编译码集成电路 CD22103A;
- 单/双极性变换器——U10:模拟开关 4052;
- 双/单极性变换器——U13:非门 74HC04;
- 相加器——U14:或门 74LS32;
- 带通——U11,U12:运放 UA741;
- 限幅放大器——U15:运放 LM318;
- 锁相环——U16:集成锁相环 CD4046。

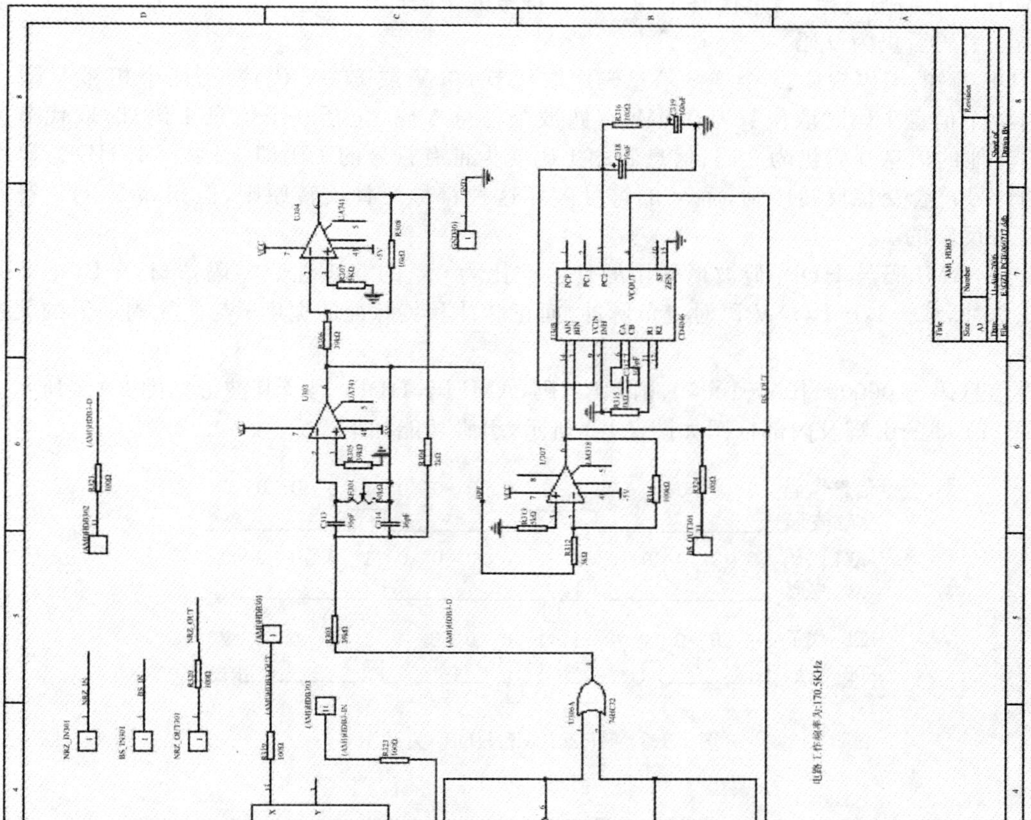

图 2.1.7 AMI/HDB₃ 编译码电路图

电路 1 : 存频率为 170.5kHz

下面简单介绍 AMI,HDB₃ 码编码规律。

AMI 码的编码规律:信息代码 1 变为带有符号的 1 码即 +1 或 -1,1 的符号交替反转;信息代码 0 编码后仍为 0 码。

HDB₃ 码的编码规律:4 个连 0 信息码用取代节 000V 或 B00V 代替,当两个相邻 V 码中间有奇数个信息 1 码时取代节为 000V,有偶数个信息 1 码(包括 0 个信息 1 码)时取代节为 B00V,其他的信息 0 码仍为 0 码;信息码的 1 码变为带有符号的 1 码即 +1 或 -1;HDB₃ 码中 1,B 的符号符合交替反转原则,而 V 的符号破坏这种符号交替反转原则,但相邻 V 码的符号又是交替反转的。

此处,AMI 码与 HDB₃ 码波形采用的是占空比为 0.5 的双极性归零码,+1,+B,+V 码对应正脉冲,或 -1,-B,-V 码对应负脉冲,而正脉冲和负脉冲的宽度 τ 与码元周期 T 的关系是 $\tau = T/2$。

设信息码为 0000011000010000,则 NRZ 码,AMI 码,HDB₃ 码及其波形如图 2.1.8 所示。

CD22103 的引脚及内部框图如图 2.1.9 所示,引脚功能如下。

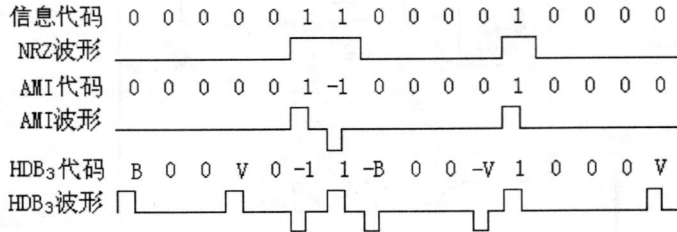

图 2.1.8　NRZ,AMI,HDB₃ 关系图

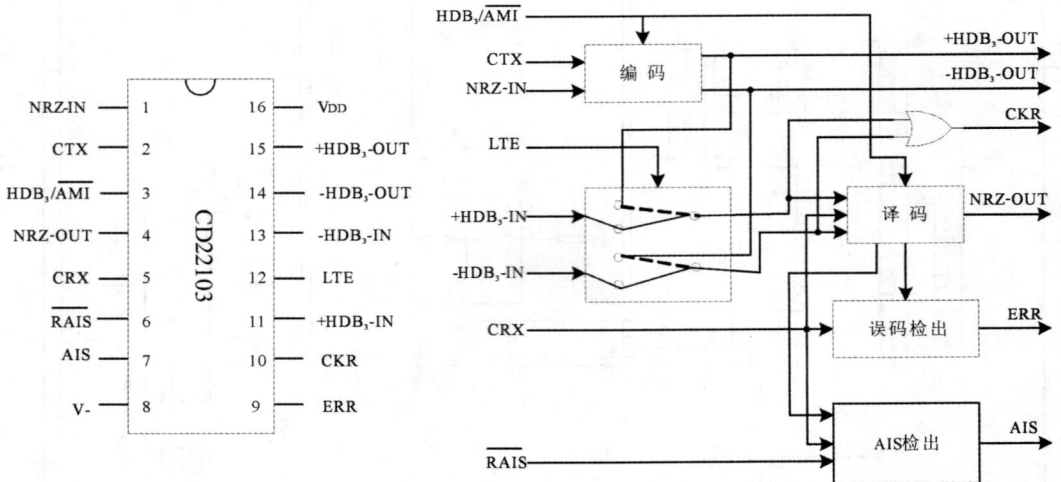

图 2.1.9　CD22103 的引脚及内部框图

(1)NRZ-IN——编码器 NRZ 信号输入端。

(2)CTX——编码时钟(位同步信号)输入端。

(3)HDB₃/$\overline{AMI}$——码型选择端:接 TTL 高电平时,选择 HDB₃ 码;接 TTL 低电平时,选择 AMI 码。

(4)NRZ－OUT——HDB$_3$ 译码后信码输出端。

(5)CRX——译码时钟(位同步信号)输入端。

(6)$\overline{\text{RAIS}}$——告警指示信号(AIS)检测电路复位端,负脉冲有效。

(7)AIS——AIS 信号输出端,有 AIS 信号为高电平,无 ALS 信号时为低电平。

(8)V$_{SS}$——接地端。

(9)ERR——不符合 HDB$_3$/AMI 编码规则的误码脉冲输出端。

(10)CKR——HDB$_3$ 码的汇总输出端。

(11)＋HDB$_3$－IN——HDB$_3$ 译码器正码输入端。

(12)LTF——HDB$_3$ 译码内部环回控制端,接高电平时为环回,接低电平时为正常。

(13)－HDB$_3$－IN——HDB$_3$ 译码器负码输入端。

(14)－HDB$_3$－OUT——HDB$_3$ 编码器负码输出端。

(15)＋HDB$_3$－OUT——HDB$_3$ 编码器正码输出端。

(16)V$_{DD}$——接电源端(＋5V)。

CD22103 主要由发送编码和接收译码两部分组成,工作速率为 50 kb/s～10 Mb/s。两部分功能简述如下。

发送部分:

当 HDB$_3$/$\overline{\text{AMI}}$ 端接高电平时,编码电路在编码时钟 CTX 下降沿的作用下,将 NRZ 码编成 HDB$_3$ 码(＋HDB$_3$－OUT,－HDB$_3$－OUT 两路输出);接低电平时,编成 AMI 码。编码输出比输入码延迟约 4 个时钟周期。

接收部分:

(1)在译码时钟 CRX 的上升沿作用下,将 HDB$_3$ 码(或 AMI 码)译成 NRZ 码。译码输出比输入码延迟约 4 个时钟周期。

(2)HDB$_3$ 码经逻辑组合后从 CKR 端输出,供时钟提取等外部电路使用。

(3)可在不中断业务的情况下进行误码检测,供检测出的误码脉冲从 ERR 端输出,其脉宽等于接收时钟的一个周期,可用此进行误码计数。

(4)可检测出所接收的 AIS 码,检测周期由外部 RAIS 决定。据 CCITT 规定,在 RAIS 信号的一个周期(500 s)内,若接收信号中"0"码个数少于 3,则 AIS 端输出高电平,使系统告警电路输出相应的告警信号,若接收信号中"0"码个数不少于 3,AIS 端输出低电平,表示接收信号正常。

(5)具有环回功能。

【实验仪器】

本实验所使用的基本仪器见表 2.1.2。

表 2.1.2　基本仪器

名　　称	要求达到的指标	数量／台
双踪同步示波器	60 MHz	1
通信原理Ⅵ型实验箱		1
M6 信源模块		1

【实验方法与步骤】

(1)熟悉信源模块和 AMI/HDB$_3$ 编译码模块的工作原理。

(2)接通数字信号源模块的电源,用示波器观察数字信源模块上的各种信号波形。

1)示波器的两个通道探头分别接 NRZ - OUT 和 BS - OUT,对照发光二极管的发光状态,判断数字信源模块是否已正常工作(1 码对应发光管亮,0 码对应发光管熄)。

2)用 K1 产生代码×1110010(×为任意代码,1110010 为 7 位帧同步码),K2,K3 产生任意信息代码,观察本实验给定的集中插入帧同步码时分复用信号帧结构和 NRZ 码特点。

(3)关闭数字信号源模块的电源,按照表 2.1.3 端口对应关系连线,打开数字信号源模块和 AMI(HDB$_3$)编译码模块电源,用示波器观察 AMI(HDB$_3$)编译模块的各种波形。

表 2.1.3　端口对应关系

源端口	目的端口
1.数字信源模块:NRZ - OUT	AMI/HDB$_3$ 编译码模块:NRZ - IN
2.数字信源模块:BS - OUT	AMI/HDB$_3$ 编译码模块:BS - IN

1)示波器的两个探头 CH1 和 CH2 分别接 NRZ - OUT 和(AMI)HDB$_3$ - OUT,将信源模块 K1,K2,K3 的每一位都置 1,观察并记录全 1 码对应的 AMI 码和 HDB$_3$ 码;再将 K1,K2,K3 置为全 0,观察全 0 码对应的 AMI 码和 HDB$_3$ 码。观察 AMI 码时将开关 K4 置于 A 端,观察 HDB$_3$ 码时将 K4 置于 H 端,观察时应注意编码输出(AMI)HDB$_3$ 比输入 NRZ - OUT 延迟了 4 个码元。

2)将 K1,K2,K3 置于 011100100000110000100000 态,观察并记录对应的 AMI 码和 HDB$_3$ 码。

3)将 K1,K2,K3 置于任意状态,K4(码型选择开关)置 A 或 H 端,CH1 接 NRZ - OUT,CH2 分别接(AMI)HDB$_3$ - D,BS - R 和 NRZ,观察这些信号波形。观察时应注意以下事项。

● NRZ 信号(译码输出)迟后于 NRZ - OUT 信号(编码输入)8 个码元。

● AMI,HDB$_3$ 码是占空比等于 0.5 的双极性归零码,AMI - D,HDB$_3$ - D 是占空比等于 0.5 的单极性归零码。

● BS - OUT 是一个周期基本恒定(等于一个码元周期)的 TTL 电平信号。

● 本实验中若 24 位信源代码中只有 1 个"1"码,则无法从 AMI 码中得到一个符合要求的位同步信号,因此不能完成正确的译码。若 24 位信源代码全为"0"码,则更不可能从 AMI 信号(亦是全 0 信号)得到正确的位同步信号。信源代码连 0 个数越多,越难于从 AMI 码中提取位同步信号(或者说要求带通滤波的 Q 值越高,因而越难于实现),译码输出 NRZ 越不稳定,而 HDB$_3$ 码则不存在这种问题。

【实验思考题】

(1)整理实验记录波形,根据实验观察和记录回答下列问题。

1)非归零码和归零码的特点是什么?

2)与信源代码中的"1"码相对应的 AMI 码及 HDB$_3$ 码是否一定相同? 为什么?

(2)设代码为全 1、全 0 及 01110010000011000100000,给出对应的 AMI 码及 HDB$_3$ 码的代码和波形。

(3)总结从 HDB$_3$ 码中提取位同步信号的原理。

(4)试根据占空比为 0.5 的单极性归零码的功率谱密度公式说明为什么信息代码中的连 0 码越长,越难于从 AMI 码中提取位同步信号,而 HDB$_3$ 码则不存在此问题。

2.2 实验 2 数字调制实验

【实验目的】

(1)掌握绝对码、相对码的概念以及它们之间的关系。

(2)掌握用键控法产生 2ASK,2FSK,2PSK,2DPSK 信号的方法。

(3)掌握相对码波形与 2PSK 信号波形之间的关系、绝对码波形与 2DPSK 信号波形之间的关系。

(4)了解 2ASK,2FSK,2PSK,2DPSK 信号的频谱与数字基带信号频谱之间的关系。

【实验内容】

(1)绝对码与相对码的相互变换。

(2)2ASK,2FSK,2PSK,2DPSK 信号的产生及与绝对码和相对码之间的变换。

【实验原理】

本实验使用数字信源模块和数字调制模块。信源模块向调制模块提供位同步信号和数字基带信号(NRZ 码)。调制模块将输入的 NRZ 绝对码变为相对码,用键控法产生 2ASK,2FSK 和 2DPSK 信号。调制模块的原理方框图及电路图分别如图 2.2.1 和图 2.2.2 所示。

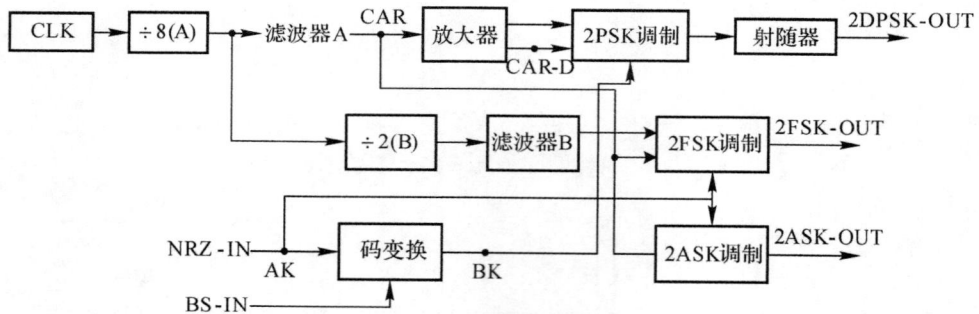

图 2.2.1 数字调制方框图

本单元有以下测试点及输入输出点。

- BS - IN——位同步信号输入点;
- NRZ - IN——数字基带信号输入点;
- CAR——2ASK,2DPSK 信号载波测试点;
- CAR - D——2DPSK 信号载波倒相测试点;
- AK(即 NRZ - IN)——绝对码测试点(与 NRZ - IN 相同);
- BK——相对码测试点;
- 2DPSK(2PSK) - OUT——2DPSK(2PSK)信号测试点/输出点,$V_{PP} > 0.5$ V;
- 2FSK - OUT——2FSK 信号测试点/输出点,$V_{PP} > 0.5$ V;
- 2ASK - OUT——2ASK 信号测试点,$V_{PP} > 0.5$ V。

图 2.2.2 数字调制原理图

图 2.2.1 中晶体振荡器与信源共用,位于信源单元,其他各部分与图 2.2.2 中的主要元器件对应关系如下。

- ÷8(A)——U2:双 D 触发器 74LS393;
- ÷2(B)——U2:双 D 触发器 74LS393;
- 滤波器 A——U5:运放 LF347,调谐回路;
- 滤波器 B——U5:运放 LF347,调谐回路;
- 码变换——U1:双 D 触发器 74LS74;U3:异或门 74LS86;
- 2ASK 调制——U6:三路二选一模拟开关 4053;
- 2FSK 调制——U6:三路二选一模拟开关 4053;
- 2DPSK(2PSK 调制)——U6:三路二选一模拟开关 4053;
- 射随器——Q1,Q2,Q3:三极管 9013。

将晶振信号进行 8 分频、滤波后,得到 2ASK 的载频 0.554 MHz。放大器 Q1,Q3 的发射极输出两个频率相等、相位相反的信号,这两个信号就是 2PSK,2DPSK 的两个载波,2FSK 信号的两个载波频率分别为晶振频率的 1/8 和 1/16,也是通过分频和滤波得到的。

下面重点介绍 2PSK,2DPSK。2PSK,2DPSK 波形与信息代码的关系如图 2.2.3 所示。

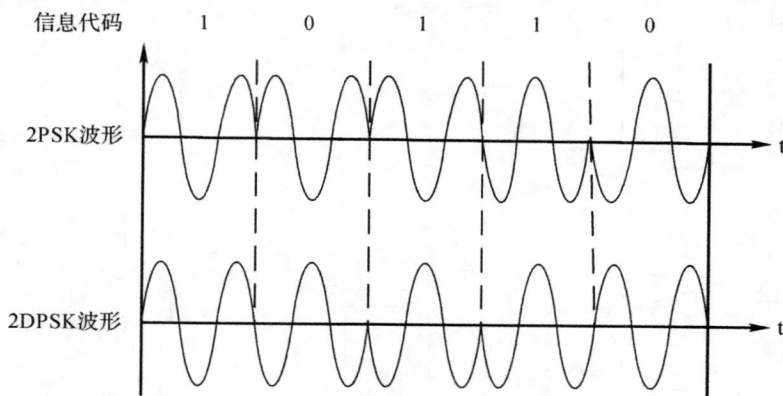

图 2.2.3 2PSK,2DPSK 波形

图 2.2.3 中假设码元宽度等于载波周期的 1.5 倍。2PSK 信号的相位与信息代码的关系是:前后码元相异时,2PSK 信号相位变化 180°,相同时 2PSK 信号相位不变,可简称为"异变同不变"。2DPSK 信号的相位与信息代码的关系是:码元为"1"时,2DPSK 信号的相位变化 180°;码元为"0"时,2DPSK 信号的相位不变,可简称为"1 变 0 不变"。应该说明的是,此处所说的相位变或不变,是指将本码元内信号的初相与前一码元内信号的末相进行比较,而不是将相邻码元信号的初相进行比较。实际工程中,2PSK 或 2DPSK 信号载波频率与码速率之间可能是整数倍关系也可能是非整数倍关系。但不管是哪种关系,上述结论总是成立的。

本单元用码变换——2PSK 调制方法产生 2DPSK 信号,原理框图及波形图如图 2.2.4 所示。相对于绝对码 AK,2PSK 调制器的输出就是 2DPSK 信号,相对于相对码 BK,2DPSK 调制器的输出是 2PSK 信号。图中设码元宽度等于载波周期,已调信号的相位变化与 AK,BK 的关系当然也是符合上述规律的,即对于 AK 来说是"1 变 0 不变"关系,对于 BK 来说是"异变同不变"关系,由 AK 到 BK 的变换也符合"1 变 0 不变"规律。

图 2.2.2 中调制后的信号波形也可能具有相反的相位,BK 也可能具有相反的序列即

00100,这取决于载波的参考相位以及异或门电路的初始状态。

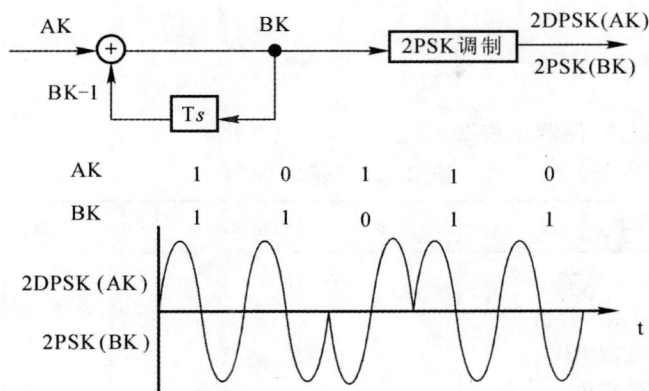

图 2.2.4 2DPSK 调制器

　　2DPSK 通信系统可以克服上述 2PSK 系统的相位模糊现象,故实际通信中采用 2DPSK 而不用 2PSK(多进制下亦如此,采用多进制差分相位调制 MDPSK),此问题将在数字解调实验中再详细介绍。

　　2PSK 信号的时域表达式为

$$s(t) = m(t)\cos \omega_c t$$

式中 $m(t)$ 为双极性不归零码 BNRZ,当“0”“1”等概时 $m(t)$ 中无直流分量,$s(t)$ 中无载频分量,2DPSK 信号的频谱与 2PSK 相同。

　　2ASK 信号的时域表达式与 2PSK 相同,但 $m(t)$ 为单极性不归零码 NRZ,NRZ 中有直流分量,故 2ASK 信号中有载频分量。

　　2FSK 信号(相位不连续 2FSK)可看成是 AK 与 $\overline{AK}$ 调制不同载频信号形成的两个 2ASK 信号相加。时域表达式为

$$s(t) = m(t)\cos \omega_{c1} t + \overline{m(t)}\cos \omega_{c2} t$$

式中 $m(t)$ 为 NRZ 码。

　　设码元宽度为 T_s,$f_s = 1/T_s$ 在数值上等于码速率,2ASK,2PSK(2DPSK)和 2FSK 的功率谱密度如图 2.2.5 所示。可见,2ASK,2PSK(2DPSK)的功率谱是数字基带信号 $m(t)$ 功率谱的线性搬移,故常称 2ASK,2PSK(2DPSK)为线性调制信号。多进制的 MASK,MPSK(MDPSK),MFSK 信号的功率谱与二进制信号功率谱类似。

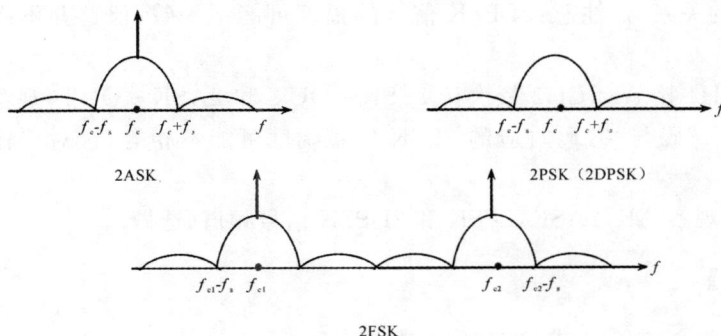

图 2.2.5 2ASK,2PSK(2DPSK),2FSK 信号功率谱

本实验系统中 $m(t)$ 是一个周期信号,故 $m(t)$ 有离散谱,因而 2ASK,2PSK(2DPSK)和 2FSK 也具有离散谱。

【实验仪器】

本实验所使用的基本仪器见表 2.2.1。

表 2.2.1 基本仪器

名　称	要求达到的指标	数量／台
双踪同步示波器	60 MHz	1
通信原理Ⅵ型实验箱		1
M4 数字调制模块		1
M6 信源模块		1
频谱仪(选用)		1

【实验方法与步骤】

(1)按照表 2.2.2 端口对应关系连线:数字调制单元的 CLK,BS－IN,NRZ－IN 分别连至数字信号源单元的 CLK,BS－OUT,NRZ－OUT。

表 2.2.2 端口对应关系

源端口	目的端口
1.数字信源单元:BS－OUT	数字调制:BS－IN
2.数字信源单元:NRZ－OUT	数字调制:NRZ－IN
3.数字信源单元:CLK	数字调制:CLK

(2)接通数字信源模块与数字调制模块的电源。示波器 CH1 接 AK(NRZ－IN),CH2 接 BK,信源模块的 K_1,K_2,K_3 置于任意状态(非全 0),观察 AK,BK 波形,总结绝对码至相对码变换规律以及从相对码至绝对码的变换规律。

(3)仔细观察 CAR 和 CAR－D 信号,分析载波信号的特点。

(4)示波器 CH1 接 2DPSK－OUT,CH2 分别接 AK 及 BK,观察并总结 2DPSK 信号相位变化与绝对码的关系以及 2DPSK 信号相位变化与相对码的关系(此关系即是 2PSK 信号相位变化与信源代码的关系)。注意:2DPSK 信号的幅度可能不一致,但这并不影响信息的正确传输。

(5)示波器 CH1 接 AK,CH2 依次接 2FSK－OUT 和 2ASK－OUT;观察这两个信号与 AK 的关系(注意"1"码与"0"码对应的 2FSK 信号幅度可能不相等,这对传输信息是没有影响的)。

(6)用频谱议观察 AK,2ASK,2FSK 和 2DPSK 信号频谱(选做)。

【实验思考题】

(1)设绝对码为全 1、全 0 或 10011010,求相对码。

（2）设相对码为全 1、全 0 或 10011010，求绝对码。

（3）设信息代码为 10011010，载频分别为码元速率的 1 倍和 1.5 倍，画出 2DPSK 及 2PSK 信号波形。

（4）总结绝对码至相对码的变换规律、相对码至绝对码的变换规律并设计一个由相对码至绝对码的变换电路。

（5）总结 2DPSK 信号的相位变化与绝对码的关系以及 2DPSK 信号的相位变化与与相对码的关系（即 2PSK 的相位变化与信息代码之间的关系）。

2.3 实验3 模拟锁相环与载波同步实验

【实验目的】

(1)掌握模拟锁相环的工作原理以及环路的锁定状态、失锁状态、同步带和捕捉带等基本概念。
(2)掌握用平方环法从 2DPSK 信号中提取相干载波的原理及模拟锁相环的设计方法。
(3)了解相干载波相位模糊现象产生的原因。

【实验内容】

(1)观察载波恢复实验中各路波形。
(2)对模拟锁相环同步带和捕捉带进行测量和分析。

【实验原理】

常用平方环或同相正交环(科斯塔斯环)从 2DPSK 信号中提取相干载波。本实验所用平方环,其原理方框图及电路原理图分别如图 2.3.1 和图 2.3.2 所示。

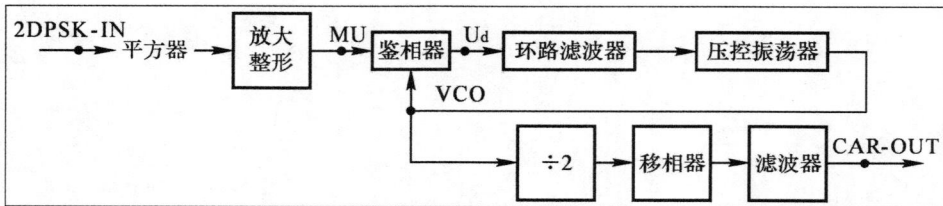

图 2.3.1 载波同步方框图

载波同步模块上有以下测试点及输入输出点。
- 2DPSK - IN——2DPSK 信号输入点;
- MU——平方器输出测试点,$V_{PP}>1$ V;
- COMP——锁相环输入信号测试点;
- Ud——锁相环压控电压测试点;
- VCO——锁相环输出信号测试点,$V_{PP}>0.2$ V;
- CAR - OUT——相干载波信号输出点/测试点。

图 2.3.1 中各单元与图 2.3.2 中主要元器件的对应关系如下。
- 平方器——U2:模拟乘法器 MC1496;
- 鉴相器——U4:锁相环 CD4046;
- 环路滤波器——U4:锁相环 CD4046;
- 压控振荡器——U4:锁相环 CD4046;
- ÷2——U6:D 触发器 74HC74;
- 移相器——U8:单稳态触发器 74LS123;
- 滤波器——电感 L1,电容 C43;
- 压控振荡器——U5:锁相环 CD4046。

锁相环由鉴相器(PD)、环路滤波器(LF)及压控振荡器(VCO)组成,如图 2.3.3 所示。

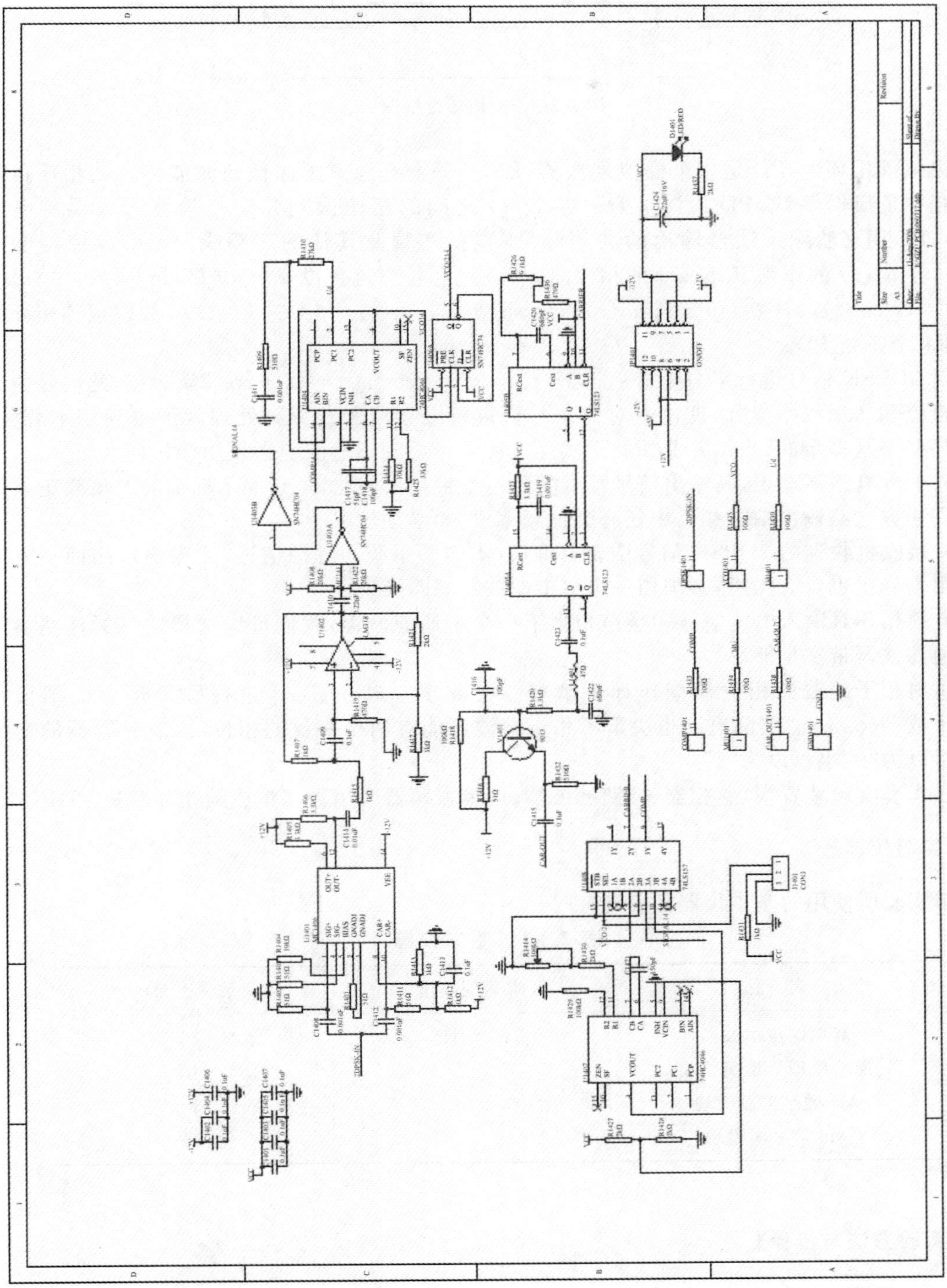

图 2.3.2　载波同步电路原理图

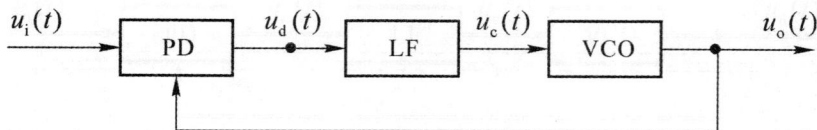

图 2.3.3　锁相环方框图

模拟锁相环中,PD 是一个模拟乘法器,LF 是一个有源或无源低通滤波器。锁相环路是一个相位负反馈系统,PD 检测 $u_i(t)$ 与 $u_o(t)$ 之间的相位误差并进行运算形成误差电压 $u_d(t)$,LF 用来滤除乘法器输出的高频分量(包括和频及其他的高频噪声)形成控制电压 $u_c(t)$,在 $u_c(t)$ 的作用下,$u_o(t)$ 的相位向 $u_i(t)$ 的相位靠近。设 $u_i(t)=U_i\sin[\omega_i t+\theta_i(t)]$,$u_o(t)=U_o\cos[\omega_i t+\theta_o(t)]$,则 $u_d(t)=U_d\sin\theta_e(t)$,$\theta_e(t)=\theta_i(t)-\theta_o(t)$,故模拟锁相环的 PD 是一个正弦 PD。

对 2DPSK 信号进行平方处理后得 $s^2(t)=m^2(t)\cos^2\omega_c t=(1+\cos 2\omega_c t)/2$,此信号中只含有直流和 $2\omega_c$ 频率成分,理论上对此信号再进行隔直流和二分频处理就可得到相干载波。锁相环似乎是多余的,当然并非如此。实际工程中考虑到下述问题必须用锁相环。

- 平方电路不理想,其输出信号幅度随数字基带信号变化,不是一个标准的二倍频正弦信号。即平方电路输出信号频谱中还有其他频率成分,必须滤除。
- 接收机收到的 2DPSK 信号中含有噪声(本实验系统为理想信道,无噪声),因而平方电路输出信号中也含有噪声,必须用一个窄带滤波器滤除噪声。
- 锁相环对输入电压信号和噪声相当于一个带通滤波器,我们可以选择适当的环路参数使带通滤波器带宽足够小。

可对相干载波的相位模糊作如下解释。在数学上对 $\cos2\omega_c t$ 进行除 2 运算的结果是 $\cos\omega_c t$ 或 $-\cos\omega_c t$。实际电路也决定了相干载波可能有两个相反的相位,因二分频器的初始状态可以为“0”也可以为“1”。

在本套实验装置中,鉴相器、环路滤波器、压控振荡器采用数字集成锁相环芯片 CD4046。

【实验仪器】

本实验所使用的基本仪器见表 2.3.1。

表 2.3.1　基本仪器

名　称	要求达到的指标	数量／台
双踪同步示波器	60 MHz	1
通信原理Ⅵ型实验箱		1
M4 数字调制模块		1
M6 信号源模块		1

【实验方法与步骤】

(1)按照表 2.3.2 端口对应关系连线,将模拟锁相环及载波同步单元的 KEY 波动开关拨到上方。

表 2.3.2　端口对应关系

源端口	目的端口
1.数字信源单元:BS-OUT	数字调制:BS-IN
2.数字信源单元:NRZ-OUT	数字调制:NRZ-IN
3.数字信源单元:CLK	数字调制:CLK
4.数字调制:2DPSK-OUT	载波同步:2DPSK-IN

(2)接通数字信源、数字调制两个模块的电源,用示波器顺序观察 2DPSK,MU,VCO,COMP,U_d 和 CAR-OUT 信号,结合原理图理解从 2DPSK 信号中提取载波的过程。

(3)模拟锁相环实验部分。

用示波器观察锁相环的锁定状态和失锁状态。

环路锁定时,环路输入信号频率等于反馈信号频率,即 COMP 与 VCO 的频率相等,这时如观察 U_d 为近似锯形波的稳定波形。环路失锁时环路输入信号频率与反馈信号频率不相等,即此时 COMP 与 VCO 的频率不相等,这时如观察 U_d 为不稳定波形。

根据上述特点可判断环路的工作状态,具体实验步骤如下。

1)观察锁定状态与失锁状态。

向下拨动开关 KEY,接通电源后用示波器观察 U_d,若 U_d 为稳定波形,则调节载波同步模块上的电位器 R26,U_d 随 R26 减小而减小,随 R26 增大而增大,这说明环路处于锁定状态。用示波器两路探头同时观察 COMP 和 VCO,可以看到两个信号频率相等。也可以用频率计分别测量 COMP 和 VCO 频率。在锁定状态下,向某一方向变化 R26,可使 U_d 由稳定的波形变为不稳定,COMP 和 VCO 频率不再相等,环路由锁定状态变为失锁。

接通电源后 U_d 也可能是不稳定的差拍信号,表示环路已处于失锁状态。失锁时 U_d 的最大值和最小值就是锁定状态下 U_d 的变化范围(对应于环路的同步范围)。环路处于失锁状态时,COMP 和 VCO 频率不相等。调节 R26 使 U_d 的差拍频率降低,当频率降低到某一程度时 U_d 会突然变成稳定的信号,环路由失锁状态变为锁定状态。

2)测量同步带与捕捉带。

将双踪示波器两路探头分别接在 COMP(锁相环输入频率 f_i)和 VCO 端,调节 R26,使环路处于良好的锁定状态,即示波器上两路波形不但清晰稳定,而且要尽可能地保持很小的相位差。

• 同步带测量:缓慢调节 R26 使 COMP 端的频率 f_i 向下,直到刚好出现失锁现象时停止调节 R26,记下此时的锁相环输入频率 f_{i1};缓慢调节 R26 使 COMP 端的频率 f_i 向上,使环路重新锁定,直到再次出现失锁现象时停止调节 R26,记下此时的信号源输出频率 f_{i2},则环路的同步带为 $\Delta f_h = f_{i1} - f_{i2}$。

• 捕捉带测量:缓慢调节 R26,使 COMP 端的频率 f_i 向下出现失锁现象,向上缓慢调节 f_i,直到环路刚好入锁,记下此时的信号源输出频率 f_{i3};然后向上调节 f_i,使环路重新失锁后,再向下缓慢调节 f_i 直到环路刚好入锁,记下此时的信号源输出频率 f_{i4},则环路的捕捉带为 $\Delta f_P = f_{i4} - f_{i3}$。

【实验思考题】

(1)总结锁相环锁定状态及失锁状态的特点。

(2)根据实验结果计算环路同步带 Δf_{H} 及捕捉带 Δf_{P}。

(3)总结用平方环提取相干载波的原理及相位模糊现象产生的原因。

(4)设 VCO 固有振荡频率 f_{o} 不变,环路输入信号频率可以改变,试拟定测量环路同步带及捕捉带的步骤。

2.4　实验 4　数字解调实验

【实验目的】

(1)掌握 2DPSK 相干解调原理。

(2)掌握 2FSK 过零检测解调原理。

【实验内容】

(1)对 2DPSK 进行相干解调。

(2)对 2FSK 进行过零检测解调。

【实验原理】

可用相干解调或差分相干解调法(相位比较法)解调 2DPSK 信号。在相位比较法中,要求载波频率为码速率的整数倍,当此关系不能满足时只能用相干解调法。本实验系统中, 2DPSK 载波频率等于码速率的 13/4 倍,只能用相干解调法。实际工程中相干解调法用得最多。

2FSK 信号的解调方法有包络检波法、相干解调法、鉴频法、过零检测法等。

本实验采用相干解调法解调 2DPSK 信号,采用过零检测法解调 2FSK 信号。图 2.4.1 和图 2.4.2 分别为两个解调器的方框图和电路原理图。

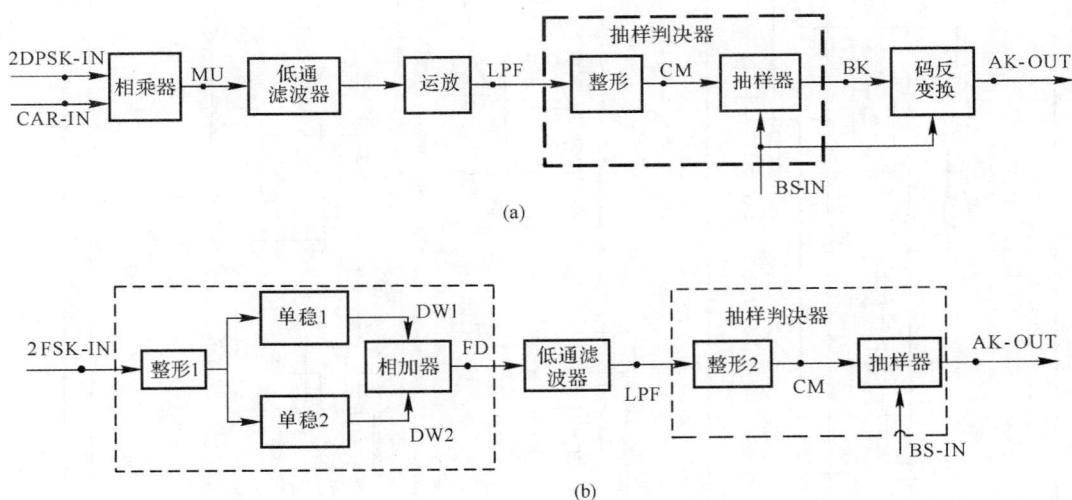

(a)

(b)

图 2.4.1　数字解调方框图

(a)2DPSK 相干解调；(b)2FSK 过零检测解调

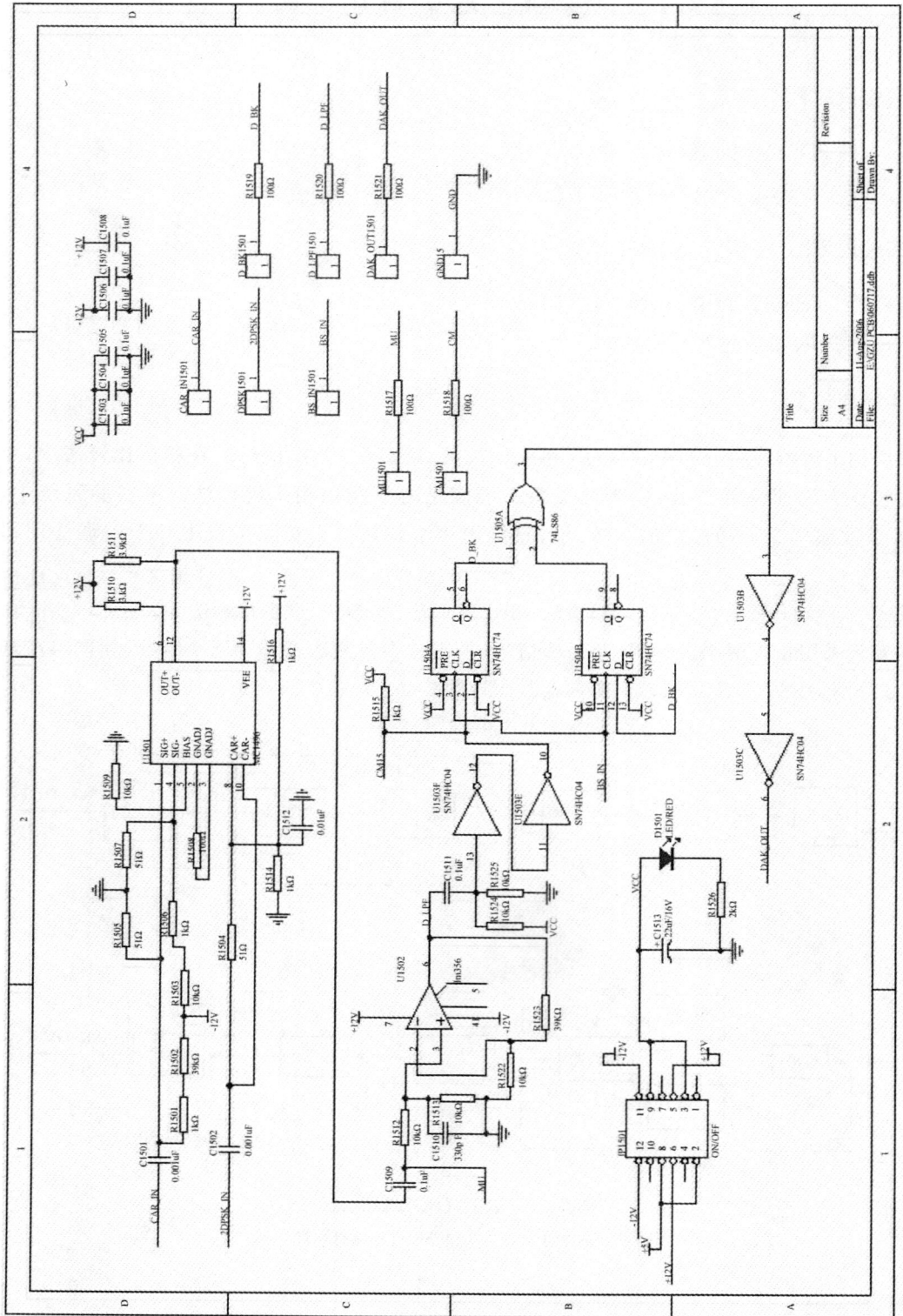

图 2.4.2　数字解调电路原理图

（a）

续图 2.4.2　数字解调电路原理图
（a）2DPSK解调器；　（b）2FSK解调器

(1)2DPSK 解调模块上有以下测试点及输入输出点。

- 2DPSK‐IN——2DPSK 信号输入点/测试点；
- CAR‐IN——相干载波输入点；
- BS‐IN——位同步信号输入点；
- MU——相乘器输出信号测试点；
- LPF——低通、运放输出信号测试点；
- CM——整形输出信号的输出点/测试点；
- BK——解调输出相对码测试点；
- AS‐OUT——解调输出绝对码测试点。

(2)2FSK 解调模块上有以下测试点及输入输出点。

- 2FSK‐IN——2FSK 信号输入点/测试点；
- BS‐IN——位同步信号输入点；
- DW1——单稳 1 端信号输出测试点；
- DW2——单稳 2 端信号输出测试点；
- FD——2FSK 过零检测输出信号测试点；
- LPF——低通滤波器输出点/测试点；
- CM——整形输出测试点；
- AK‐OUT——解调输出信号的输出点/测试点。

(3)2DPSK 解调器方框图中各单元与电路图中元器件的对应关系如下。

- 相乘器——U1:模拟乘法器 MC1496；
- 低通滤波器——R10,C25；
- 运放——U2:运算放大器 LM741；
- 整形——U4A,B:74HC04；
- 抽样器——U3:A:双 D 触发器 74HC74；
- 码反变换器——U3:B:双 D 触发器 74HC74,U5:A:异或 7486。

(4)2FSK 解调器方框图中各单元与电路图中元器件对应关系如下。

- 整形 1——U2:F:反相器 74HC04；
- 单稳 1、单稳 2——U1:单稳态触发器 74LS123；
- 相加器——U3:A:或门 74LS32；
- 低通滤波器——U5:运算放大器 LM318,若干电阻和电容；
- 整形 2——U2:E:反相器 74HC04；
- 抽样器——U4:B:双 D 触发器 74HC74。

在实际应用的通信系统中,解调器的输入端都有一个带通滤波器用来滤除带外的信道白噪声并确保系统的频率特性符合无码间串扰条件。本实验系统中为简化实验设备,发端即数字调制的输出端没有带通滤波器,信道是理想的,故解调器输入端就没加带通滤波器。

DPSK 相干解调器模块各点波形示意图如图 2.4.3 所示,图 2.4.3 中设相干载波为 π 相。

2FSK 解调器工作原理及有关问题说明如下。

- 图 2.4.4 为 2FSK 过零检测解调器各点波形示意图,图中设"1"码载频等于码速率的两倍,"0"码载频等于码速率。

整形 1 和整形 2 的功能与比较器类似,在其输入端将输入信号叠加在 2.5 V 上。74HC04 的状态转换电平约为 2.5 V,可把输入信号进行硬限幅处理。整形 1 将正弦 2FSK 信号变为 TTL 电平的 2FSK 信号。整形 2 和抽样电路共同构成一个判决电平为 2.5 V 的抽样判决器。

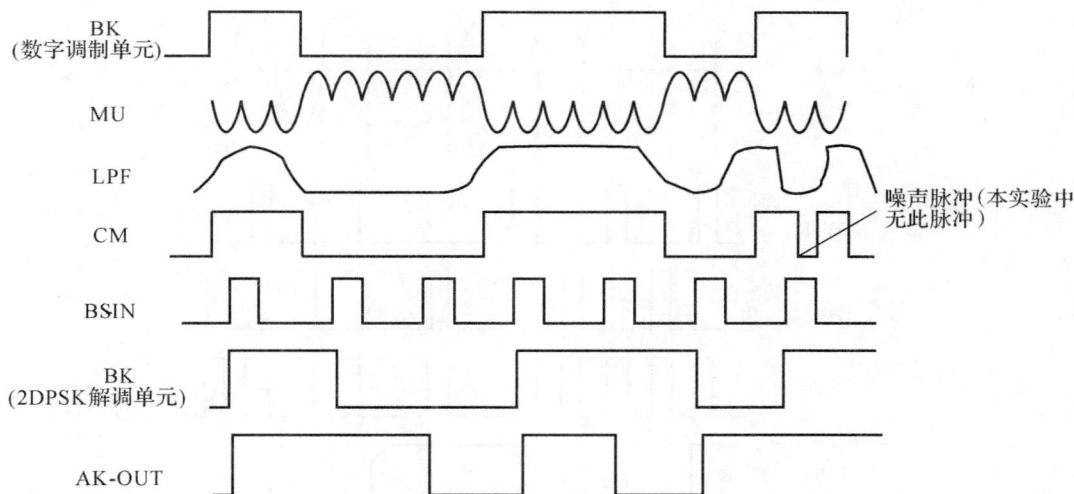

图 2.4.3　2DPSK 相干解调波形示意图

● 单稳 1 和单稳 2 分别被设置为上升沿触发和下降沿触发,它们与相加器一起共同对 TTL 电平的 2FSK 信号进行微分、整流处理。

● LPF 是一个有源滤波器,具有低通滤波和倒相功能。其输出不是 TTL 电平信号且不是标准的非归零码,必须进行抽样判决处理。U2 对抽样判决输出信号进行整形。

必须说明一点,2DPSK 解调的信号码不能为全 0 或全 1,否则抽样判决器不能正常工作。

【实验仪器】

本实验所使用的基本仪器见表 2.4.1。

表 2.4.1　基本仪器

名　称	要求达到的指标	数量／台
双踪同步示波器	60 MHz	1
通信原理Ⅵ型实验箱		1
M4 数字调制模块		1
M6 信号源模块		1

【实验方法与步骤】

(1)信号连接方式如图 2.4.5 所示。实际通信系统中,解调器的位同步信号来自位同步提取单元。本实验中这个信号直接来自数字信源。在做 2DPSK 解调实验时,位同步信号送给 2DPSK 解调单元,做 2FSK 解调实验时则送到 2FSK 解调单元。

(2)2DPSK 解调实验。

1)将示波器的 CH1 接数字调制单元的 BK,CH2 接 2DPSK 解调单元的 MU。MU 与 BK

同相或反相,其波形应接近图 2.4.3 所示的理论波形。

2)示波器的 CH2 接 LPF,可看到 LPF 与 MU 反相。当一帧内 BK 中"1"码"0"码个数相同时,LPF 的正、负极性信号与 0 电平对称,否则不对称。

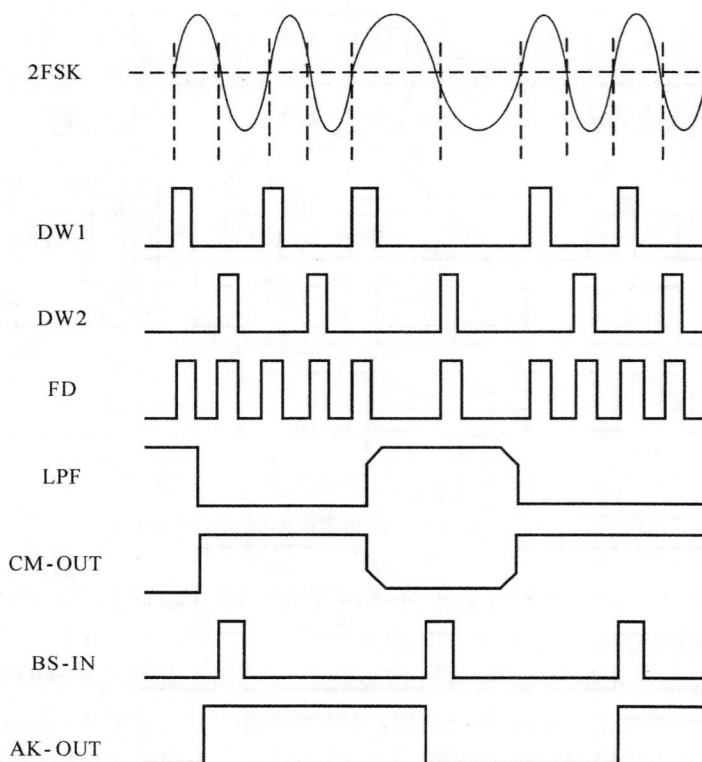

图 2.4.4　2FSK 过零检测解调器各点波形示意图

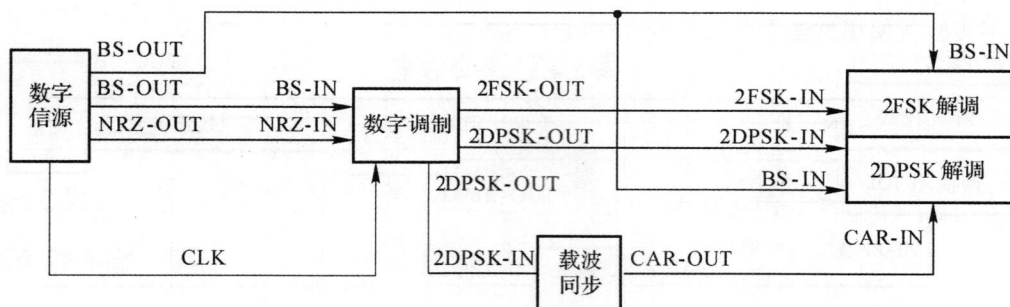

图 2.4.5　数字解调实验连接图

3)断开、接通电源若干次,使数字调制单元 CAR 信号与载波同步单元 CAR-OUT 信号同相,观察数字调制单元的 BK 与 2DPSK 解调单元的 MU,LPF 以及 BK 之间的关系,再观察数字调制单元中 AK(NRZ-IN)信号与 2DPSK 解调单元的 MU,LPF,BK 以及 AS-OUT 信号之间的关系。

4)再断开、接通电源若干次,使 CAR 信号与 CAR-OUT 信号反相,重新进行步骤 3)中的观察。在进行上述各步骤时应注意运放是一个反相放大器。

(3)2FSK 解调实验。

示波器探头 CH1 接数字调制单元中的 AK,CH2 分别接 2FSK 解调单元中的 DW1, DW2,FD,LPF,CM 及 AK-OUT,观察 2FSK 过零检测解调器的解调过程(注意:低通及整形 2 都有倒相作用)。LPF 的波形应接近图 2.4.4 所示的理论波形。

【实验思考题】

(1)设绝对码为 1001101,相干载波频率等于码速率的 1.5 倍,根据实验观察得到的规律,画出 CAR-OUT 与 CAR 同相及反相时 2DPSK 相干解调 MU,LPF,BS,BK 和 AK 的波形,并总结 2DPSK 克服相位模糊现象的机理(设运放无倒相作用)。

(2)设信息代码为 1001101,2FSK 的两个载频分别为码速率的四倍和两倍,根据实验观察得到的规律,画出 2FSK 过零检测解调器输入的 2FSK 波形及 FD,LPF 和 AK 波形(设低通滤波器及整形 2 都无倒相作用)。

2.5 实验 5 全数字锁相环与位同步实验

【实验目的】

(1)掌握数字锁相环工作原理以及微分整流型数字锁相环的快速捕获原理。

(2)掌握用数字锁相环提取位同步信号的原理及对其输入的信息代码的要求。

(3)掌握位同步器的同步建立时间、同步保持时间和位同步信号相位抖动等基本概念。

【实验内容】

(1)熟悉数字锁相环和位同步单元。

(2)观察数字锁相环的锁定状态和失锁状态。

(3)观察位同步器的快速捕捉现象、位同步信号相位抖动大小及同步保持时间与环路固有频差的关系。

【实验原理】

用数字锁相环提取位同步信号的原理框图和电路图分别如图 2.5.1 和图 2.5.2 所示。

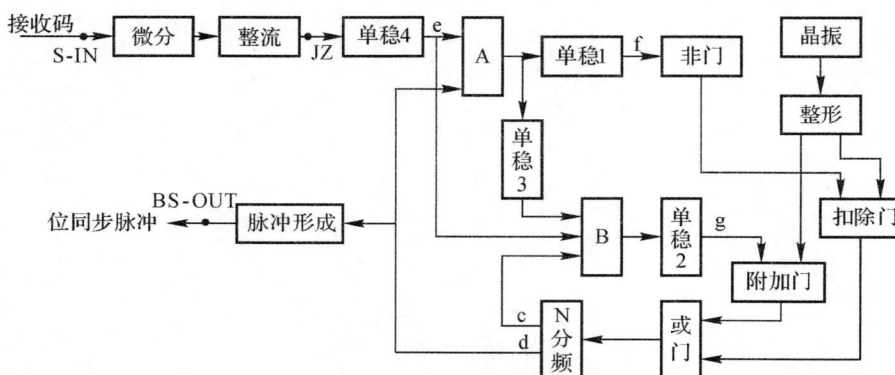

图 2.5.1 位同步器方框图

位同步模块有以下测试点及输入输出点。

- S-IN——基带信号输入、测试点；
- BS-OUT——位同步信号输出、测试点；
- JZ——微分、整流信号输出、测试点。

图 2.5.1 中各单元与图 2.5.2 中元器件的对应关系如下。

- 晶振——X1:晶体；
- 微分器——U1D:LM324；
- 放大器——U1C:LM324；
- 整流器——U1B,U1A:LM324；
- 单稳电路——U2,U3:74LS123；
- 分频器——U4:EPM7032；
- 门电路——U4:EPM7032。

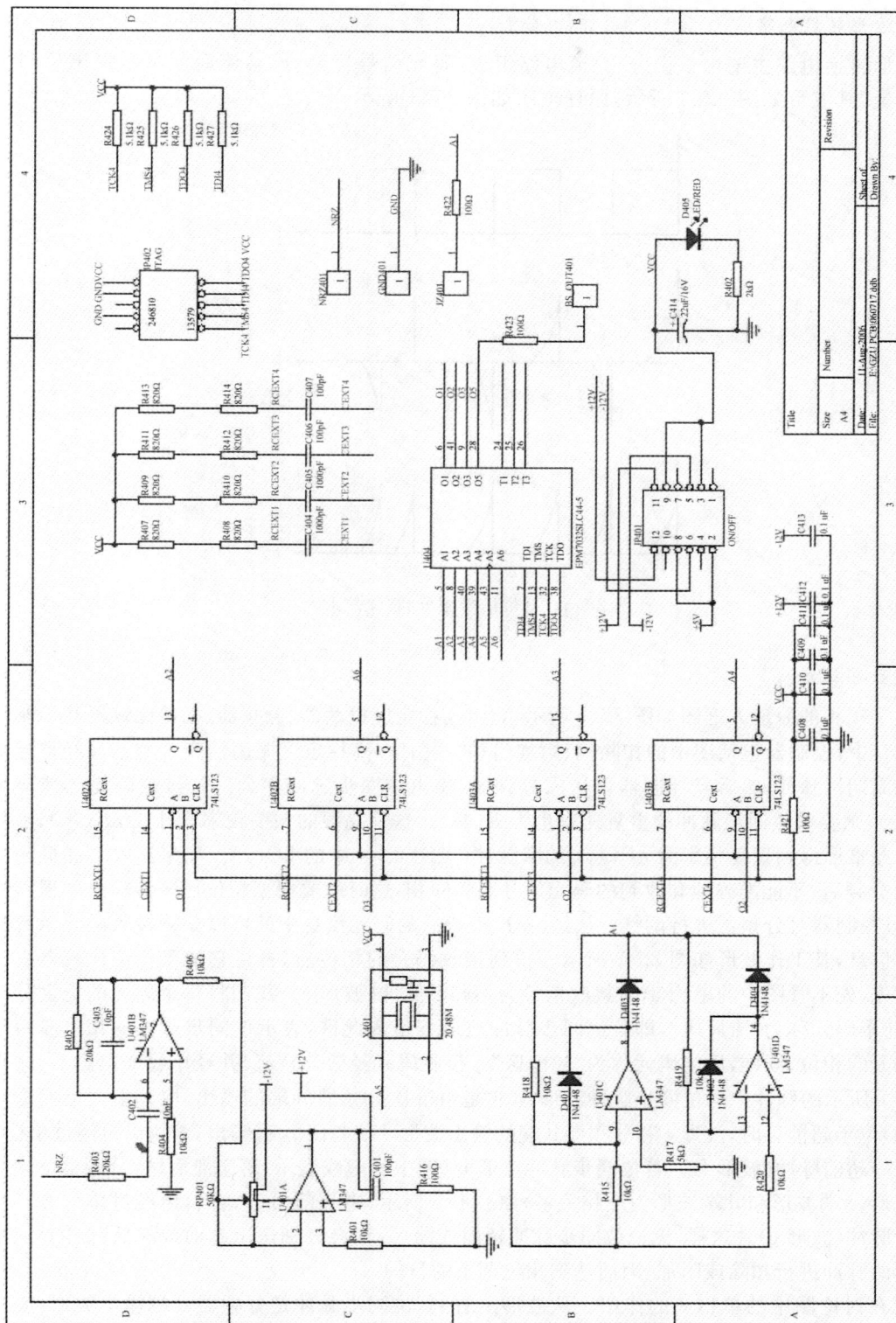

图 2.5.2　位同步器电路图

在本系统中采用的是微分整流型数字锁相环,它主要由波形转换电路及数字锁相器组成。

1. 波形转换电路

波形转换电路主要由一微分、整流电路组成,码元信号经微分、整流后就可以提出位同步信号分量,其波形如图 2.5.3 所示,原理框图如图 2.5.1 所示。

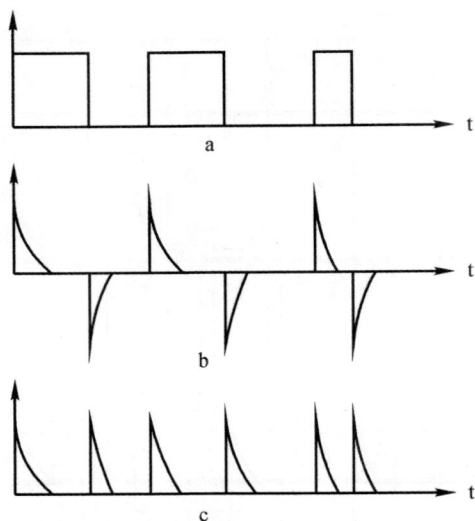

图 2.5.3　基带信号微分、整流波形

2. 数字锁相

数字锁相的原理方框图如图 2.5.1 所示,它由高稳定度振荡器、分频器、相位比较器和控制器组成。其中,控制器包括图中的扣除门、附加门和"或门"。高稳定度振荡器产生的信号经整形电路变成周期性脉冲,然后经控制器再送入分频器,输出位同步脉冲序列。若接收码元的速率为 F(波特),则要求位同步脉冲的重复速率也为 F(赫)。这里晶振的振荡频率设计在 nF(赫),由晶振输出经整形得到重复频率为 nF(赫)的窄脉冲(见图 2.5.4 中的 b(b'))。如果接收端晶振输出经 n 次分频后,不能准确地和收到的码元信号同频同相,这时就要根据相位比较器输出的误差信号,通过控制器对分频器进行调整。从经微分、整流后的码元信息中就可以获得接收码元所有过零点的信息,其工作波形如图 2.5.3 所示。得到接收码元的相位后,再将它加于相位比较器去比较。首先,先不管图中的单稳 3,设接收信号为不归零脉冲(波形 a),我们将每个码元的宽度分两个区,前半码元称为"滞后区",即若位同步脉冲波形 b 落入此区,表示位同步脉冲的相位滞后于接收码元的相位;同样,后半码元称为"超前区"。接收码元经微分整流,并经单稳 4 电路后,输出如波形 e 所示的脉冲。当位同步脉冲波形 b(它是由 n 次分频器 d 端的输出,取其上升沿而形成的脉冲)位于超前区时,波形 e 和分频器 d 端的输出波形 d 使与门 A 有输出,该输出再经过单稳 1 就产生一超前脉冲(波形 f)。若位同步脉冲波形 b'(图中的虚线表示)落于滞后区,分频器 c 端的输出波形(c 端波形和 d 端波形为反相关系)如波形 c' 所示,则与门 B 有输出,再经过单稳 2 产生一滞后脉冲(波形 g)。这样,无论位同步脉冲超前或滞后,都会分别送出超前或滞后脉冲对加于分频器的脉冲进行扣除或附加,因而达到相位调整的目的。

现在讨论图中的单稳 3 的作用。从波形图看到,位同步脉冲是分频器 d 端输出波形(波形 d)的正沿而形成的,所以相位调整的最后结果应该合波形 d 的正沿对齐窄脉冲 e(即 d 的正沿位于窄脉冲之内）。若 d 端产生输出波形最后调整到如波形图 d′所示的位置,则 A、B 两个与门都有输出;先是通过与门 B 输出一个滞后脉冲,后是通过与门 A 输出一超前脉冲。这样调整的结果使位同步信号的相位稳定在这一位置,这是我们所需要的。然而,如果 d 端的输出波形调整到波形图 d″的位置,这时,A、B 两个与门出都有输出,只是这时是先通过 A 门输出一超前脉冲,而后通过 B 门输出一滞后脉冲。如果不采取措施,位同步信号的相位也可以稳定在这一位置,则输出的位同步脉冲(波形 b)就会与接收码元的相位相差 180°。克服这种不正确锁定的办法,是利用在这种情况下 A 门先有输出的这一特点。当 A 门先有输出时,这个输出一方面和超前脉冲对锁相环进行调整;另一方面,这个输出经单稳 3 产生一脉冲将与门 B 封闭,不会再产生滞后脉冲。这样通过 A 不断输出超前脉冲,就可以高速分频器的输出的相位,直到波形 d 的正沿对齐窄脉冲(波形 e)为止。

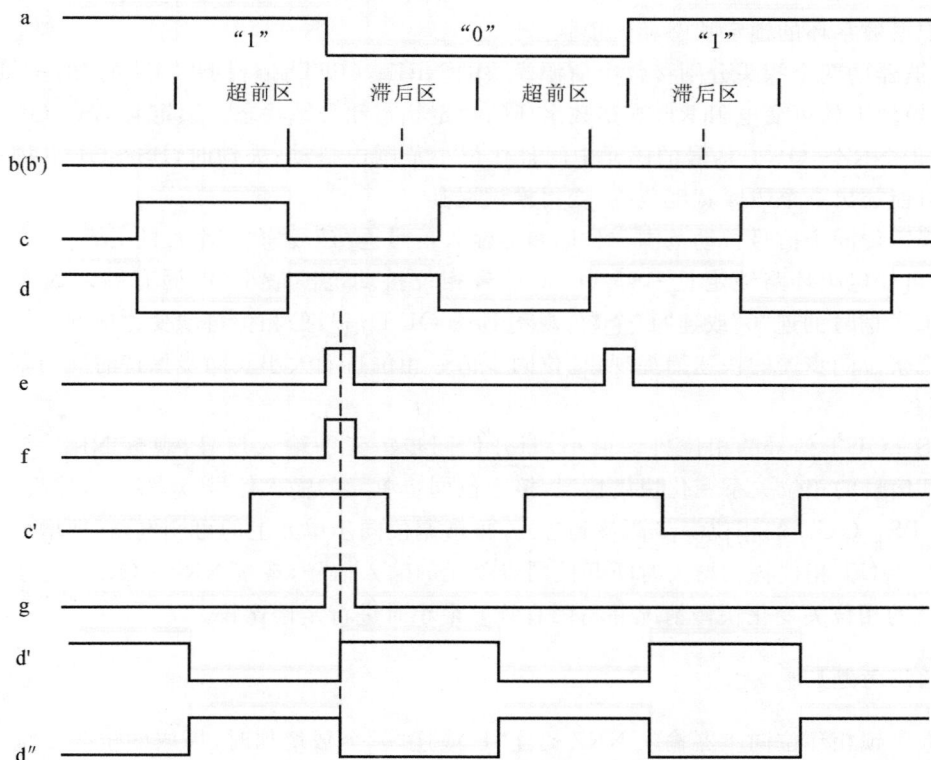

图 2.5.4　波形图

【实验仪器】

本实验所使用的基本仪器见表 2.5.1。

表 2.5.1　基本仪器

名　称	要求达到的指标	数量 / 台
双踪同步示波器	60 MHz	1
通信原理 Ⅵ 型实验箱		1
M6 数字信号源模块		1
M7 基带信号数字终端显示模块		1

【实验方法与步骤】

(1)熟悉数字锁相环和位同步单元。将数字信源的输出信号 NRZ - OUT 连接到位同步单元的 NRZIN 端,打开电源开关、接通 M6 数字信号源模块和 M7 基带信号数字终端显示模块的电源。调整信源模块的 K1,K2,K3,使 NRZ - OUT 的连"0"和连"1"个数较少。

(2)观察 JZ 信号与 NRZ 信号、位同步信号 BS - OUT 之间的关系,分析它们之间的相互关系(要特别注意分析 JZ 信号是从哪路信号得来的,是从 NRZ 信号直接变换来的,还是从 AMI,HDB3 码信号变换来的,或者是从 DPSK 信号恢复来的。做整体通信实验时可以考虑重新讲解此次实验,以加深学生对位同步的理解)。

(3)观察数字环的锁定状态和失锁状态。

将示波器的两个探头分别接数字信源模块的 NRZ - OUT 和位同步模块的 BS - OUT,调节位同步模块上的可变电阻 R1,观察数字环的锁定状态和失锁状态。锁定时 BS - OUT 信号上升沿位于 NRZ - OUT 信号的码元中间且在很小范围内抖动;失锁时,BS - OUT 的相位抖动很大,可能超出一个码元宽度范围,变得模糊混乱。

(4)观察位同步信号抖动范围与位同步器输入信号连"1"或连"0"个数的关系。

调节可变电阻环路锁定且 BS - OUT 信号相位抖动范围最小(即固有频差最小),增大 NRZ - OUT 信号的连"0"或连"1"个数,观察 BS - OUT 信号的相位抖动变化情况。

(5)观察位同步器的快速捕捉现象、位同步信号相位抖动大小及同步保持时间与环路固有频差的关系。

使 BS - OUT 信号的相位抖动最小,断开位同步单元的输入信号,观察 NRZ - OUT 与 BS - OUT信号的相位关系变化快慢情况,接通位同步单元的输入信号,观察快速捕捉现象(位同步信号 BS - OUT 的相位一步调整到位)。再微调位同步单元上的可变电路(即增大固有频差)当 BS - OUT 相位抖动增大时断开位同步单元的输入信号,观察 NRZ - OUT 信号与 BS - OUT 信号的相位关变化快慢情况并与固有频差最小时进行定性比较。

【实验思考题】

(1)数字锁相环位同步器输入 NRZ 码连"1"或连"0"个数增加时,提取的位同步信号相位抖动增大,试解释此现象。

(2)设数字环固有频差为 Δf,允许同步信号相位抖动范围为码元宽度 T_s 的 η 倍,求同步保持时间 t_c 及允许输入的 NRZ 码的连"1"或"0"个数最大值。

(3)数字环同步器的同步抖动范围随固有频差增大而增大,试解释此现象。

(4)若将 AMI 码或 HDB$_3$ 码整流后作为数字环位同步器的输入信号,能否提取出位同步信号?为什么?对这两种码的连"1"个数有无限制?对 AMI 码的信息代码中连"0"个数有无限制?对 HDB$_3$ 码的信息代码中连"0"个数有无限制?为什么?

2.6　实验 6　帧同步实验

【实验目的】

(1)掌握集中插入式帧同步码识别原理。

(2)掌握同步保护原理。

(3)掌握假同步、漏同步、捕捉态、维持态等概念.

【实验内容】

(1)同步器维持态(同步态)观察测量。

(2)同步器捕捉态(失步态)观察测量。

(3)识别器的假识别及同步保护器的保护作用。

【实验原理】

在时分复用通信系统中,为了正确地传输信息,必须在信息码流中插入一定数量的帧同步码,可以集中插入,也可以分散插入。本实验系统中帧同步码为 7 位巴克码,集中插入到每帧的第 2 至第 8 个码元位置上。

帧同步模块的原理框图及电路原理图分别如图 2.6.1 和图 2.6.2 所示。

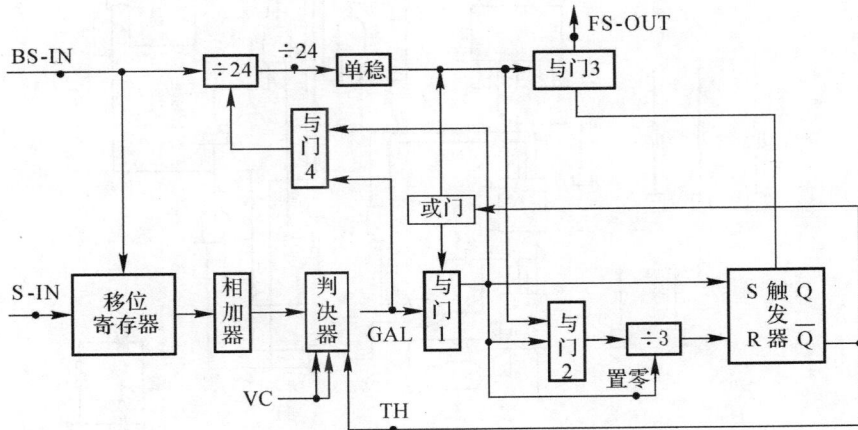

图 2.6.1　帧同步模块原理框图

本模块有以下测试点及输入输出点。

- S‑IN——数字基带信号输入点;
- BS‑IN——位同步信号输入点;
- GAL——巴克码识别器输出信号测试点;
- ÷24——24 分频器输出信号测试点;
- FS‑OUT——帧同步信号输出点/测试点。

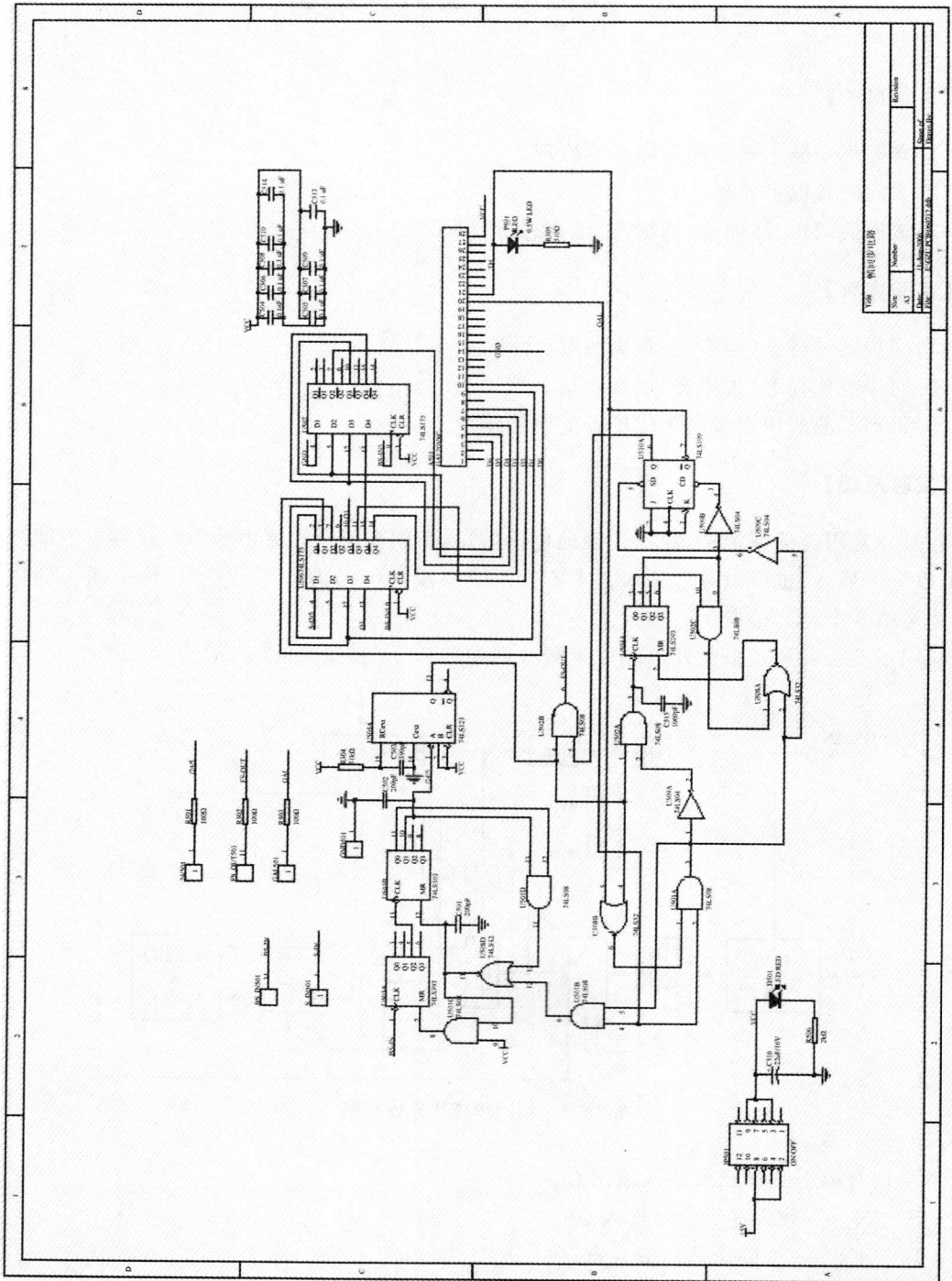

图 2.6.2 帧同步模块电路原理图

图 2.6.1 中各模块与图 2.6.2 中元器件的对应关系如下。

- ÷24 分频器——U60：计数器 79LS393；U61：A,C：与门 74LS08；U58：C：或门 74LS32。
- 移位寄存器——U50,U51：四位移位寄存器 74LS175；
- 相加器——U52：可编程逻辑器件 GAL20V8；
- 判决器——U53：可编程逻辑器件 GAL20V8；
- 单稳——U59：A：单稳态触发器 74LS123；
- 与门——1U56：D：与门 74LS08；
- 与门——2U56：B：与门 74LS08；
- 与门——3U56：A：与门 74LS08；
- 与门——4U56：C：与门 74LS08；
- 或门——U58：A：或门 74LS32；
- ÷3 分频器——U54：计数器 74LS393；
- 触发器——U55：A：JK 触发器 74LS109。

从总体上看，本模块可分为巴克码识别器及同步保护两部分。巴克码识别器包括移位寄存器、相加器和判决器，图 2.6.1 中的其余部分完成同步保护功能。

移位寄存器由两片 74175 组成，移位时钟信号是位同步信号。当 7 位巴克码全部进入移位寄存器时，U50 的 Q_1,Q_2,Q_3,Q_4 及 U51 的 Q_2,Q_3,Q_4 都为 1，它们输入到相加器 U52 的数据输入端 $D_0 \sim D_6$，U52 的输出端 Y_0,Y_1,Y_2 都为 1，表示输入端为 7 个 1。若 $Y_2Y_1Y_0 = 100$ 时，表示输入端有 4 个 1，依此类推，$Y_2Y_1Y_0$ 的不同状态表示了 U52 输入端为 1 的个数。判决器 U53 有 6 个输入端。IN_2,IN_1,IN_0 分别与 U52 的 Y_2,Y_1,Y_0 相连，L_2,L_1,L_0 与判决门限控制电压相连，L_2,L_1 已设置为 1，而 L_0 由同步保护部分控制，可能为 1 也可能为 0。在帧同步模块电路中有发光二极管指示灯 P3 与判决门限控制电压相对应，即与 L_0 对应，灯亮对应 1，灯熄对应 0。判决电平测试点 TH 就是 L_0 信号，它与指示灯 P3 状态相对应。当 $L_2L_1L_0 = 111$ 时门限为 7，灯亮，TH 为高电平；当 $L_2L_1L_0 = 110$ 时门限为 6，P3 熄，TH 为低电平。当 U52 输入端为 1 的个数（即 U53 的 $IN_2IN_1IN_0$）大于或等于判决门限于 $L_2L_1L_0$ 时，识别器就会输出一个脉冲信号。当基带信号里的帧同步码无错误（七位全对）时，把位同步信号和数字基带信号输入给移位寄存器，识别器就会有帧同步识别信号 GAL 输出，各种信号波形及时序关系如图 2.6.3 所示，GAL 信号的上升沿与帧同步码最后一位的结束时刻对齐。图中还给出了 ÷24 信号及帧同步器最终输出的帧同步信号 FS - OUT，FS - OUT 的上升沿稍迟后于 GAL 的上升沿。

÷24 信号是将位同步信号进行 24 分频得到的，其周期与帧同步信号的周期相同（因为一帧 24 位是确定的），但其相位不一定符合要求。当识别器输出一个 GAL 脉冲信号（即捕获到一组正确的帧同步码）时，在 GAL 信号和同步保护器的作用下，÷24 电路置零，从而使输出的 ÷24 信号下降沿与 GAL 信号的上升沿对齐。÷24 信号再送给后级的单稳电路，单稳设置为下降沿触发，其输出信号的上升沿比 ÷24 信号的下降沿稍有延迟。

同步器最终输出的帧同步信号 FS - OUT 是由同步保护器中的与门 3 对单稳输出的信号及状态触发器的 Q 端输出信号进行"与"运算得到的。

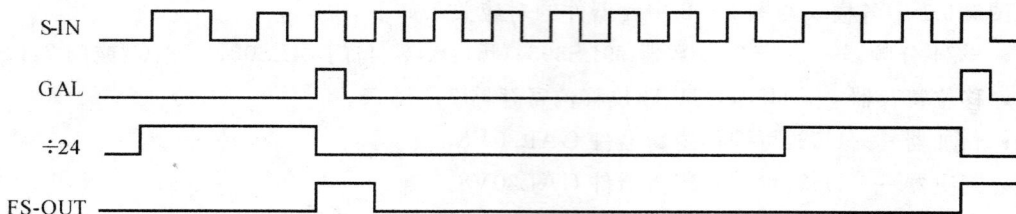

图 2.6.3 帧同步器信号波形

电路中同步保护器的作用是减小假同步和漏同步。

在维持态下对同步信号的保护措施称为前方保护,在捕捉态下的同步保护措施称为后方保护。本同步器中捕捉态下的高门限属于后方保护措施之一,它可以减少假同步概率,当然还可以采取其他电路措施进行后方保护。低门限及÷3电路属于前方保护,它可以保护已建立起来的帧同步信号,避免识别器偶尔出现的漏识别造成帧同步器丢失帧同步信号即减少漏同步概率。同步器中的其他保护电路用来减少维持态下的假同步概率。

【实验仪器】

本实验所使用的基本仪器见表 2.6.1。

表 **2.6.1 基本仪器**

名　　称	要求达到的指标	数量/台
双踪同步示波器	60MHz	1
通信原理Ⅵ型实验箱		1
M6 信源模块		1
M7 基带信号数字终端显示模块		1

【实验方法与步骤】

(1)熟悉 M6 数字信号源模块和帧同步模块。

按照表 2.6.2 端口对应关系连线,打开电源开关,接通 M6 数字信号源模块和 M7 基带信号数字终端显示模块电源。

表 **2.6.2 端口对应关系**

源端口	目的端口
1.数字信源模块 NRZ – OUT	帧同步模块:S – IN
2.数字信源模块:BS – OUT	帧同步模块:BS – IN

(2)观察同步器的维持态(同步态)。

1)将数字信源模块的帧同步码开关 K1(左边的 8 位微动开关)置于×1110010 状态(1110010 为帧同步码,×是无定义位,可任意置"1"或置"0"),K2,K3 置于任意状态(但不要出现与 1110010 相同或只差一位的码序列),示波器 CH1 接 NRZ – OUT,CH2 分别接 GAL,

÷24,TH 及 FS-OUT,观察并纪录上述信号波形(注意:TH 为 0 电平,帧同步模块的指示灯熄)。

2)使信源帧同步码(注意是 K1 的第 2 位到第 8 位)中错一位,重新作上述观察,此时 GAL,÷24,FS-OUT 应不变。

3)使信源帧同步码再错一位重作上述观察,此时同步器应转入捕捉态,仅÷24 波形不变(为什么,请思考)。

(3)观察同步器的捕捉态(失步态)。

1)先断开帧同步模块输入信号 S-IN,然后使信源帧同步码只错一位,数据代码中不出现 1110010 序列,然后接通帧同步模块输入信号,则同步器处于失步态。示波器 CH1 接 NRZ-OUT,CH2 分别接 GAL,÷24,TH 及 FS-OUT,观察并记录上述信号波形。

2)使帧同步码恢复为 1110010,观察÷24 信号相对于 NRZ-OUT 信号的相位变化,分析同步器从失步态转为同步态的过程。

(4)观察识别器假识别现象及同步保护器的保护作用。

将 K1 置于×1110010 状态,K2,K3 不出现 1110010 状态,同步器处于同步状态后,再使 K2 或 K3 出现 1110010 状态(或与 1110010 状态有一位不同),示波器 CH1 接 NRZ-OUT, CH2 分别接 GAL 和 FS-OUT,观察识别器假识别现象及同步保护电路的保护作用。

【实验思考题】

(1)根据实验结果,画出同步器处于同步态及失步态时同步器各测试点波形。

(2)本实验中同步器由同步态转为捕捉态时÷24 信号相位为什么不变?

(3)同步保护电路是如何使假识别信号不形成假同步信号的?

(4)试设计一个后放保护电路,使识别器连续两帧有信号输出且这两个识别脉冲的时间间隔为一帧时,同步器由失步态转为同步态。

(5)根据实验结果,总结本实验的帧同步器由捕捉态转为同步态的过程。

2.7　实验7　数字基带通信系统实验

【实验目的】

(1)掌握时分复用数字基带通信系统的基本原理及数字信号传输过程。

(2)掌握位同步信号抖动和帧同步信号错位对数字信号传输的影响。

(3)掌握位同步信号和帧同步信号在数字分接中的作用。

【实验内容】

(1)观察测量 M7 数字终端模块各测试点波形。

(2)利用所学知识测试时分复用数字基带通信系统工作特性。

【实验原理】

本实验使用数字信源模块、数字终端单元、位同步单元及帧同步单元。

1. 数字终端模块工作原理

数字终端原理框图及电路原理图如图 2.7.1 和图 2.7.2 所示。它输入单极性非归零信号、位同步信号和帧同步信号,把两路数据信号从时分复用信号中分离出来,输出两路串行数据信号和两个 8 位的并行数据信号。两个并行信号驱动 16 个发光二极管,左边 8 个发光二极管显示第一路数据,右边 8 个发光二极管显示第二路数据,二极管亮状态表示"1",熄灭状态表示"0"。两个串行数据信号码速率为数字源输出信号码速率的 1/3。

在数字终端模块中,有以下测试点及输入输出点。

- FS-IN——帧同步信号输入点;
- S-IN——时分复用基带信号输入点;
- BS-IN——位同步信号输入点;
- SD——抽样判后的时分复用信号测试点;
- BD——延迟后的位同步信号测试点;
- FD——整形后的帧同步信号测试点;
- D1——分接后的第一路数字信号测试点;
- B1——第一路位同步信号测试点;
- F1——第一路帧同步信号测试点;
- D2——分接后的第二路数字信号测试点;
- B2——第二路位同步信号测试点;
- F2——第二路帧同步信号测试点。

图 2.7.2 所示为数字终端电路原理图。

图 2.7.1 中各单元与图 2.7.2 中的元器件对应的关系如下。

- 延迟 1——U30:单稳态触发器 74LS123;
- 延迟 2——U32:A:D 触发器 74LS74;
- 整形——U31:A:单稳态触发器 74LS123,U32:B:D 触发器 74LS74;

- 延迟 3——U50,U51,U52：六 D 触发器 74LS174；
- ÷3——U33：内藏译码器的二进制寄存器 4017；
- 串/并变换——U37,U38：八级移位寄存器 4094；
- 并/串变换——U39,U40：八级移位寄存器 4014；
- 显示——发光二极管。

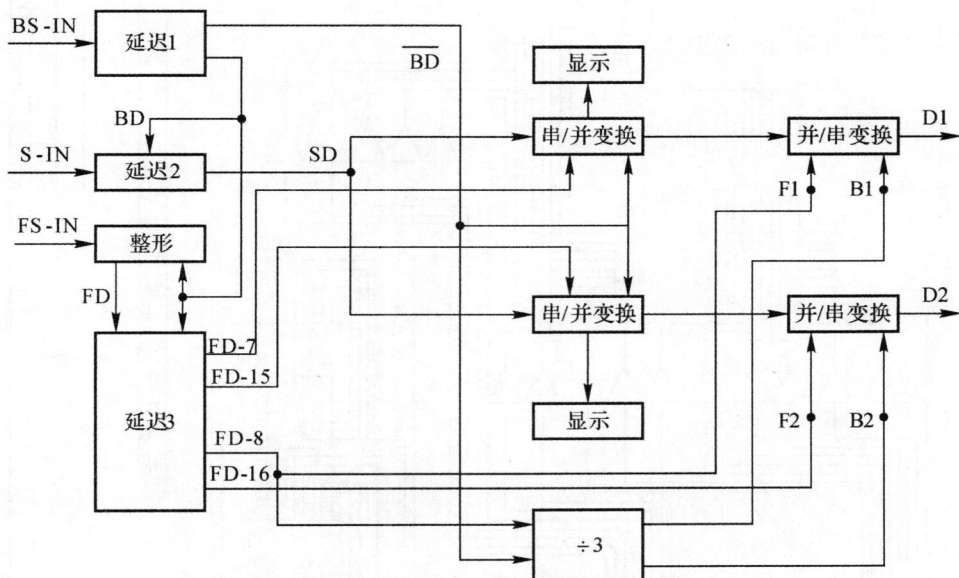

图 2.7.1　数字终端原理框图

　　延迟 1、延迟 2、延迟 3、整形及÷3 等 5 个单元可使串/并变换器和并/串变换器的输入信号 SD、位同步信号及帧同步信号满足正确的相位关系,如图 2.7.3 所示。

　　六 D 触发器 74LS174 把 FD 延迟 7,8,15,16 个码元周期,得到 FD－7,FD－15,FD－8(即 F1)和 FD－16(即 F2)等 4 个帧同步信号。在 FD－7 及 $\overline{BD}$ 的作用下,U37(4094)将第一路串行信号变成第一路 8 位并行信号,在 FD－15 和 $\overline{BD}$ 作用下,U38(4094)将第二路串行信号变成第二路 8 位并行信号。在 F1 及 B1 的作用下,U39(74LS166)将第一路并行信号变为串行信号 D1,在 F2 及 B2 的作用下,U40(74LS166)将第二路并行信号变为串行信号 D2。B1 和 B2 的频率为位同步信号 BS 频率的 1/3,D1 信号、D2 信号的码速率为信源输出信号码速率的 1/3。U41,U42,U43 输出的并行信号送给显示单元。根据数字信源和数字终端对应的发光二极管的亮熄状态,可以判断数据传输是否正确。

　　串/并变换及并/串变换电路都有需要位同步信号和帧同步信号,还要求帧同步信号的宽度为一个码元周期且其上升沿应与第一路数据的起始时刻对齐,因而送给移位寄存器 U67 的帧同步信号也必须符合上述要求。但帧同步模块提供的帧同步信号脉冲宽度大于两个码元的宽度,且帧同步脉冲的上升沿超前于数字信源输出的基带信号第一路数据的起始时刻约半个码元(帧同步脉冲上升沿略迟后于位同步信号的上升沿,而位同步信号上升沿位于位同步器输入信号的码元中间,由帧同步器工作原理可得到上述结论),故不能直接将帧同步器提取的帧同步信号送到移位寄存器 U67 的输入端。

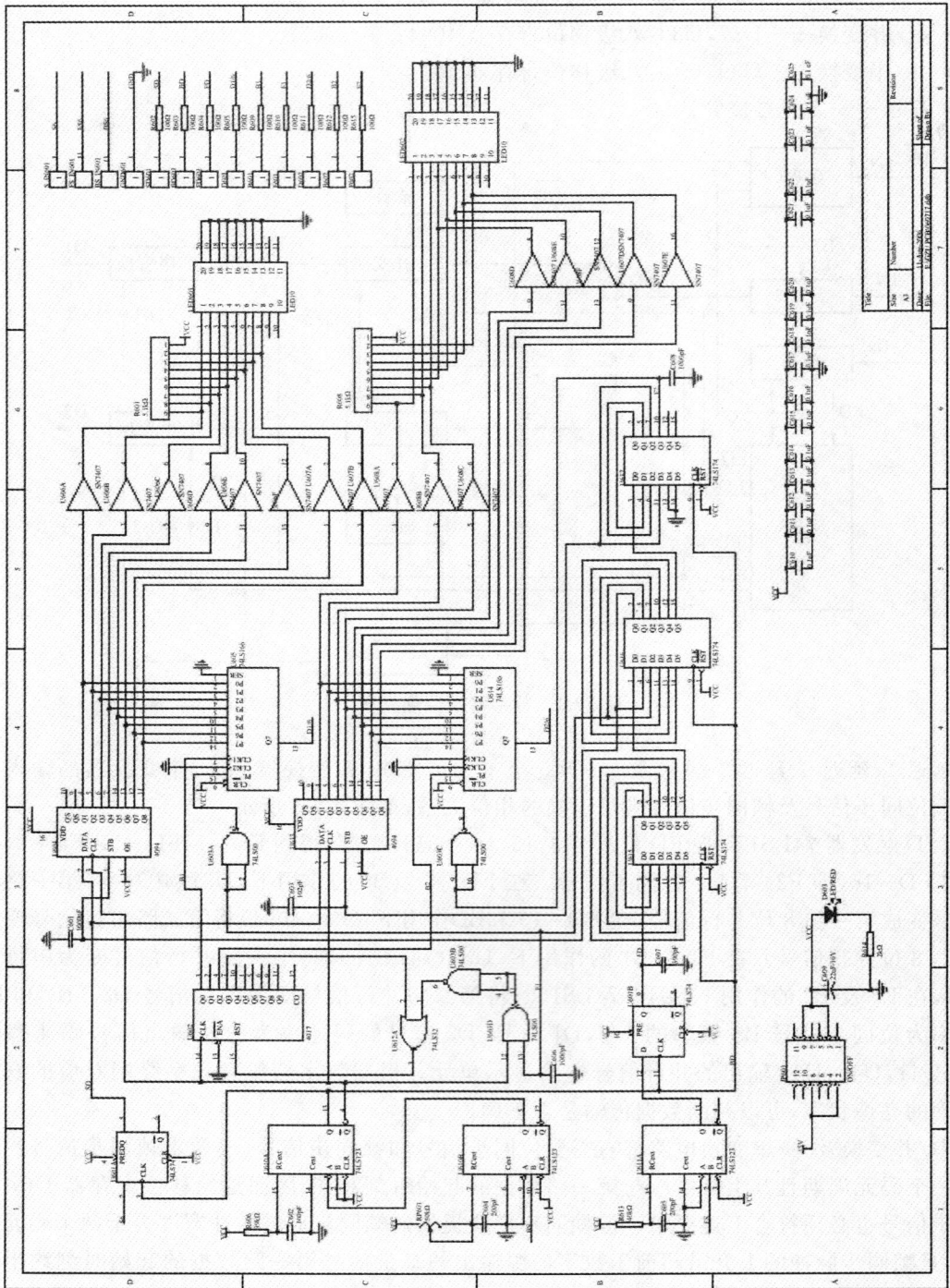

图 2.7.2 数字终端电路原理图

终端模块将帧同步器提取的帧同步信号送到单稳 U32 的输入端,单稳 U32 设为上升沿触发状态,其输出脉冲宽度略小于一个码元宽度,然后用位同步信号 BD 对单稳输出抽样后得到 FD,可通过电位器 R35 来改变 BD 的相位,从而得到两种不同的 FD 信号 FD1,FD2,如图 2.7.4 所示。两种 FD 的宽度均为一个码元间隔,但 FD1 脉冲位于信号 SD 的数据 1 的第一位,而 FD2 脉冲位于信号 SD 的帧同步码的最后一位。正确工作状态下,BD 上升沿应处于终端模块 S-IN 信号的码元中间,FD 应为 FD1,所以用 FD1 能正确分接出两路数据,而 FD2 比 FD1 超前一位,用 FD2 分接出来的数据是错误的(此数据有何规律,请思考)。

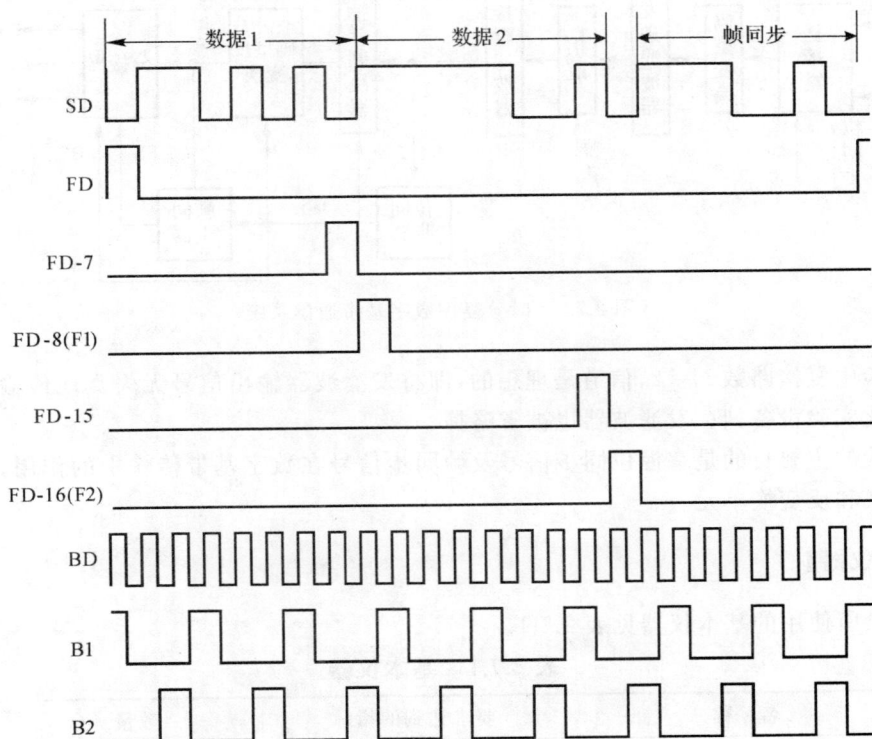

图 2.7.3 变换后的信号波形

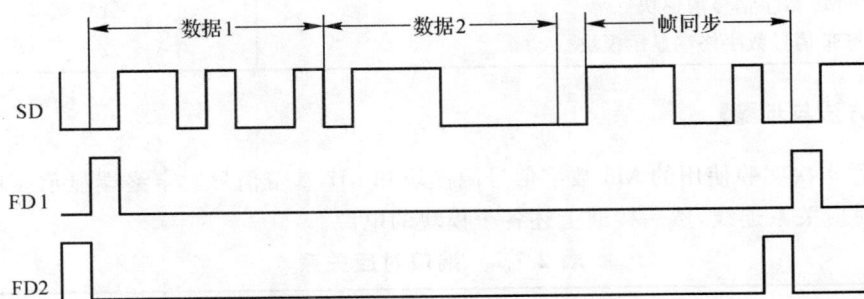

图 2.7.4 SD 和两种 FD 波形

应指出的是,当数字终端采用其他电路或分接出来的数据有其他要求时,对位同步信号及帧同步信号的要求将有所不同,但不管采用什么电路,都需要符合某种相位关系的帧同步信号和位同步信号才能正确分接出时分复用的各路信号。

2. 时分复用数字基带通信系统

图 2.7.5 所示为时分复用数字基带通信系统原理方框图。复接器输出时分复用单极性不归零码（NRZ）；码型变换器将 NRZ 码变为适于信道传输的传输码（如 HDB$_3$ 码等）；发送滤波器主要用来限制基带信号频带；接收滤波器可以滤除一部分噪声，同时与发送滤波器、信道一起构成无码间串扰的基带传输特性。复接器和分接器都需要位同步信号和帧同步信号。

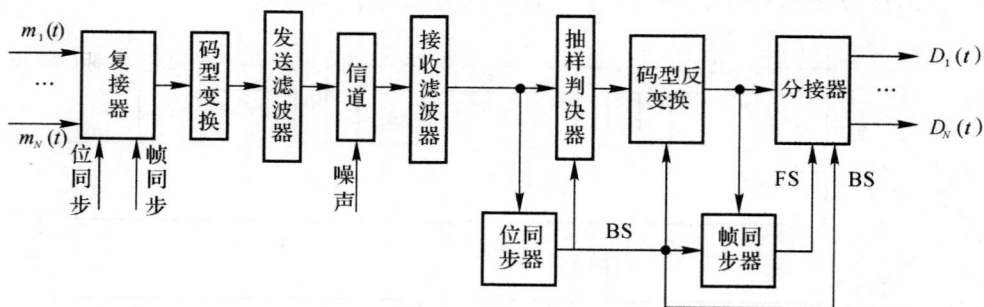

图 2.7.5　时分复用数字基带通信系统

本实验中复接路数 N＝2，信道是理想的，即将发滤波器输出信号无失真地传输到收滤波器。为简化实验设备，收、发滤波器也被省略掉。

本实验的主要目的是掌握位同步信号及帧同步信号在数字基带传输中的作用，故也可省略码型变换和反变换单元。

【实验仪器】

本实验所使用的基本仪器见表 2.7.1。

表 2.7.1　基本仪器

名　称	要求达到的指标	数量／台
双踪同步示波器	60MHz	1
通信原理Ⅵ型实验箱		1
M6 数字信号源模块		1
M7 基带信号数字终端显示模块		1

【实验方法与步骤】

（1）熟悉本次实验使用的 M6 数字信号源模块和 M7 基带信号数字终端显示模块，按照表 2.7.2 端口对应关系连线，然后接通上述各个模块的电源。

表 2.7.2　端口对应关系

源端口	目的端口
1.数字信源单元：NRZ－OUT	数字终端：S－IN
2.数字信源单元：NRZ－OUT	帧同步：S－IN
3.数字信源单元：NRZ－OUT	位同步：S－IN

续表

源端口	目的端口
4.帧同步:FS－OUT	数字终端:FS－IN
5.位同步:BS－OUT	帧同步:BS－IN
6.位同步:BS－OUT	终端显示:BS－IN

(2)用示波器 CH1 观察数字信源 NRZ 波形,判断是否工作正常。

(3)用示波器 CH2 观察位同步模块 BS－OUT,调节位同步模块上的可变电阻,使位同步信号 BS－OUT 相对于信源 NRZ 抖动最小。

(4)将数字信源模块的 K1 置于×1110010,用示波器 CH2 观察帧同步模块 FS－OUT 波形及与 NRZ 相位关系,判断是否工作正常。

(5)当位同步单元、帧同步单元已正确地提取出位同步信号和帧同步信号时,通过发光二极管观察两路 8bit 数据是否已正确地传输到收终端,若不正确,观察终端模块的 SD 信号和 FD 信号是否符合要求,可调节数字终端单元上的电位器 R35 使 FD 处于 SD 数据 1 的第一位(见图 2.7.4)。

(5)用示波器观察分接出来的两路 8 bit 周期信号 D1 和 D2。

(7)调节电位器 R413,使 FD 为图 2.7.4 中的 FD2,观察分接出来的两路信号,总结 D1,D2 与帧同步信号 FD 的关系。

(8)观察位同步抖动对数据传输的影响。

调节 R413,使 BD 上升沿应处于信源模块 NRZ－OUT 的码元中间,FD 处于 SD 数据 1 的第一位,用示波器观察数字终端单元的 D1 或 D2 信号,然后缓慢调节位同步单元上的可变电阻(增大位同步抖动范围),观察 D1 或 D2 信号波形变化情况和发光二极管的状况(R413 在某一范围变化时,D1 或 D2 无误码,R413 变化太大时出现误码)。

【实验思考题】

(1)本实验系统中,为什么位同步信号在一定范围内抖动时并不发生误码?位同步信号的这个抖动范围大概为多少?在图 2.7.5 所示的实际通信系统中是否也存在此现象?为什么?

(2)帧同步信号在对复用数据进行分接时起何作用?用实验结果加以说明。

(3)分析数字终端模块中串/并变换和并/串变换电路的工作原理。

2.8　实验 8　2DPSK 和 2FSK 通信系统实验

【实验目的】

(1)掌握时分复用 2DPSK 通信系统的基本原理。

(2)掌握时分复用 2FSK 通信系统的基本原理。

【实验内容】

拟定连接方案,在实验中测试方案的正确及可靠性。

【实验原理】

图 2.8.1 所示给出了传输两路数字信号的时分复用 2DPSK 通信系统原理框图(2FSK 通信系统与此类似)。图 2.8.1 中 $m(t)$ 为时分复用数字基带信号,为 NRZ 码,发滤波器及收滤波器的作用与基带系统相同。本实验假设信道是理想的,收、发端都无带通滤波器。$m(t)$ 由数字信源提供,即为 NRZ - OUT 信号。

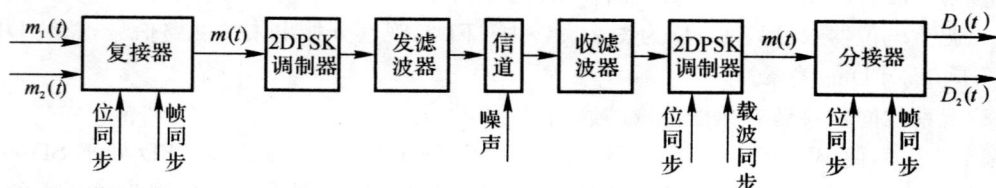

图 2.8.1　2DPSK 时分复用通信系统

【实验仪器】

本实验所使用的基本仪器见表 2.8.1。

表 2.8.1　基本仪器

名　　称	要求达到的指标	数量 / 台
双踪同步示波器	60 MHz	1
通信原理Ⅵ型实验箱		1
M4 数字调制模块		1
M6 数字信号源模块		1
M7 基带信号数字终端显示模块		1

【实验方法与步骤】

(1)拟定详细的 2DPSK 系统及 2FSK 系统各模块之间的信号连接方案。

2DPSK 系统中包括数字信源、数字调制、载波同步、2DPSK 解调、位同步、帧同步及数字终端等 7 个单元。2FSK 系统中不需要载波同步单元,将 2DPSK 解调单元改为 2FSK 解调单元,其他单元与 2DPSK 系统相同。注意位同步单元的输入信号 S - IN 应来自解调器的 CM -

OUT 点,其他信号的连接在前面几个实验中已介绍过。

(2)进行 2DPSK 通信实验。按方案连好接线,打开电源开关并接通各个模块电源,调整需要调节的电位器,使信源的两路数据正确地传输到终端。注意此实验中应使用数字信源、数字终端、数字调制、2DPSK 解调、载波同步、位同步及帧同步等 7 个单元构成一个理想信道时分复用 2DPSK 通信系统并使之正常工作。

(3)进行 2FSK 通信实验。使信源的两路数据正确地传输到终端。注意此实验中应使用数字信源、数字终端、数字调制、2FSK 解调、位同步及帧同步等 6 个模块,构成一个理想信道时分复用 2FSK 通信系统并使之正常工作。

【实验思考题】

(1)画出 2DPSK 系统 7 个模块的信号连接图,说明选择位同步器、帧同步器输入信号 S - IN 的理由。

(2)位同步信号的上升沿为什么要处于 2DPSK 解调器或 2FSK 解调器的低通滤波器输出信号的码元中心?

(3)做此实验时遇到过哪些问题? 是如何解决的?

(4)2DPSK 系统中,若不能正确传输两路数据,排除故障的最优步骤是什么?

2.9 实验 9 AM 调制解调实验

【实验目的】

(1)掌握集成模拟乘法器的基本工作原理。

(2)掌握集成模拟乘法器构成的振幅调制电路的工作原理及特点。

(3)学习调制系数 m 及调制特性(m - $U_{\Omega m}$)的测量方法,了解 $m<1,m=1$ 及 $m>1$ 时调幅波的波形特点。

(4)掌握用集成电路实现同步检波的方法。

【实验内容】

(1)设置对应基带信号及载波参数。

(2)调节对应可调电阻,使 AM 调幅波分别出现 $m<1,m=1,m>1$ 的情况,计算调制系数 m 并绘出相应波形。

【实验原理】

本实验调制部分和解调部分电路原理图如图 2.9.1 所示。

图 2.9.1 中 MC1496 芯片引脚 1 和引脚 4 接两个 51 Ω 和两个 100 Ω 电阻及 51K 电位器用来调节输入馈通电压,调偏电位器 RP1,有意引入一个直流补偿电压,由于调制电压 u_Ω 与直流补偿电压相串联,相当于给调制信号 u_Ω 叠加了某一直流电压后与载波电压 u_c 相乘,从而完成普通调幅。如需要产生抑制载波双边带调幅波,则应仔细调节 RP1,使 MC1496 输入端电路平衡。另外,调节 RP1 也可改变调制系数 m。MC1496 芯片引脚 2 和引脚 3 之间接有负反馈电阻 R3,用来扩展 u_Ω 的输入动态范围。载波电压 u_c 由引脚 8 输入。

MC1496 芯片输出端(引脚 12)接有一个三极管组成的射随器,来增加电路的带载能力。

幅度解调实验电路——同步检波器如图 2.9.1 所示。本电路中 MC1496 构成解调器,载波信号加在 8~10 脚之间,调幅信号加在 1~4 脚之间,相乘后信号由 12 脚输出,经 C11,C12,R25,R26,R31 和 U3 组成的低通滤波器输出解调出来的调制信号。

【实验仪器】

本实验所使用的基本仪器见表 2.9.1。

表 2.9.1 基本仪器

名　称	要求达到的指标	数量／台
双踪同步示波器	60 MHz	1
任意波形发生器	20 MHz	1
通信原理Ⅵ型实验箱		1
M5 模拟调制解调模块		1

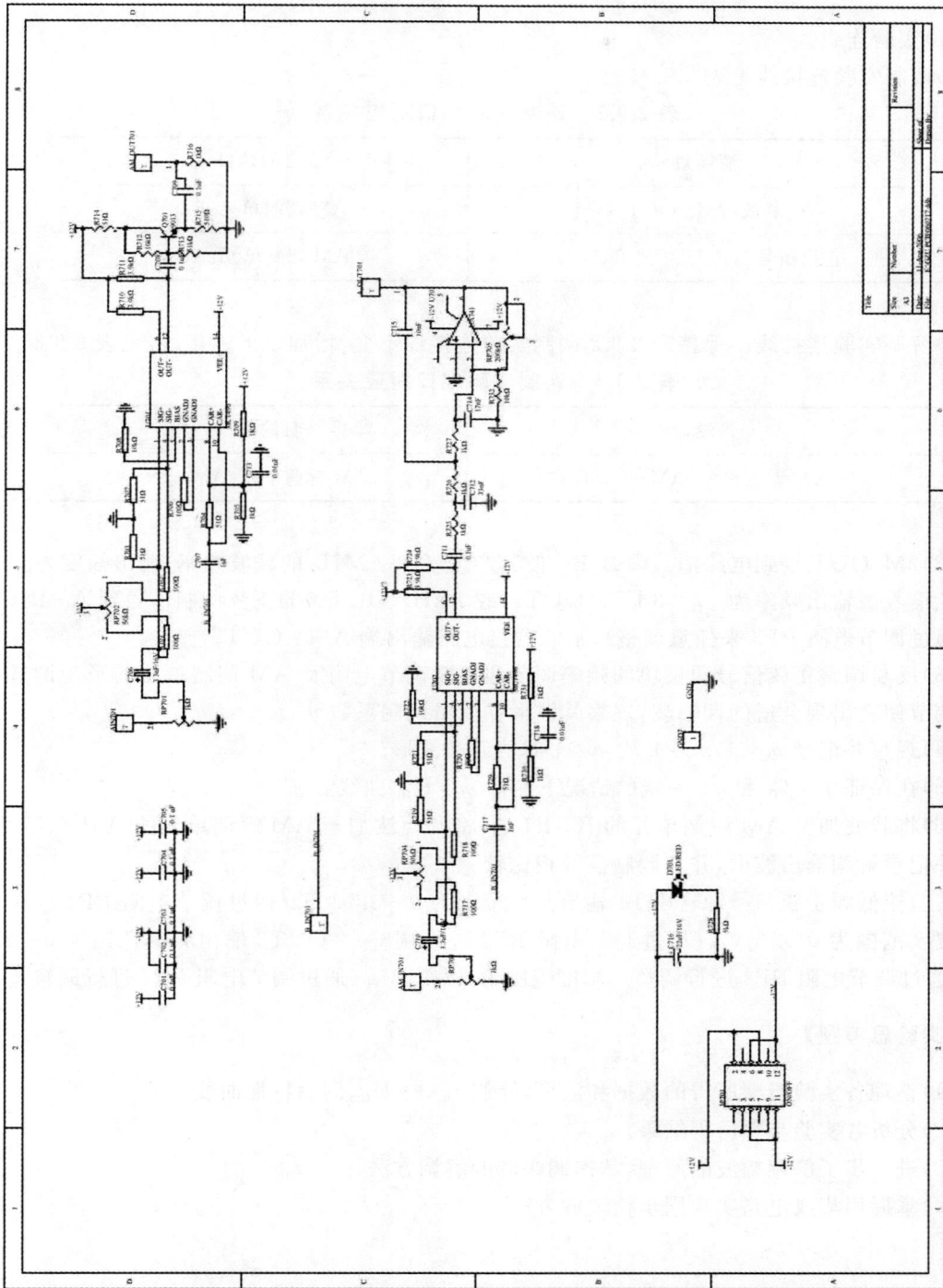

图 2.9.1　AM调制解调电路原理图

【实验方法与步骤】

(1)实验连线。

1)调制实验连接线见表 2.9.2。

表 2.9.2　调制实验端口对应关系

源端口	目的端口
载波:2M‑OUT	AM 调制单元:BIN
正弦信号源:OUT1 或 OUT2	AM 调制单元:AIN

2)解调实验连接线。保持表 2.9.2 调制实验连接线不变,增加以下连接线,见表 2.9.3。

表 2.9.3　调制实验端口对应关系

源端口	目的端口
AM 调制单元:AM‑OUT	AM 解调单元:AM‑IN

(2)2M_OUT 接到电路输入端 B_IN,使其产生 $f_c = 2\,\text{MHz}$ 的载波频率,输出幅度为 2 V,从正弦信号源输出频率为 $f_\Omega = 3\,\text{kHz}$(OUT1)或 1 kHz(OUT2)的正弦调制信号到 A‑IN(频率可通过调节电阻 RP5 来任意调整),示波器接电路输出端 AM‑OUT。

(3)反复调整正弦信号源模块的频率调节和幅度调节电阻及 AM 调制单元的平衡调节和幅度调节使之出现合适的调幅波,观察其波形并测量调制系数 m。

(4)观察并记录 $m < 1, m = 1$ 及 $m > 1$ 时的调幅波形。

(5)在保证 f_c, f_Ω 和 u_{cm} 一定的情况下测量 m‑$U_{\Omega m}$ 曲线。

(6)将载波加至 AM 解调单元的 B‑IN 端,将调幅波加至 AM 解调单元的 AM‑IN 端,观察并记录解调输出波形,并与调制信号相比较。

实验箱低频正弦信号源:OUT1 输出频率范围为 0～5.5 kHz(通过调节电阻 RP1 进行调整),幅度范围为 0～15 V_{PP}(通过调节电阻 RP2 进行调整)。OUT2 输出频率范围为 0～2.2 kHz(通过调节电阻 RP3 进行调整),幅度范围为 0～15 V_{PP}(通过调节电阻 RP4 进行调整)。

【实验思考题】

(1)整理各实验步骤所得的数据和波形,绘制出 m‑$U_{\Omega m}$ 调制特性曲线。

(2)分析各实验步骤所得结果。

(3)进一步了解调幅波的原理,掌握调幅波的解调方法。

(4)掌握用集成电路实现同步检波的方法。

2.10　实验 10　抽样定理与 PAM 系统实验

【实验目的】

(1)熟悉脉冲振幅调制的工作原理。

(2)验证并理解抽样定理。

(3)通过对 PAM 调制与解调电路的基本组成、波形和所测数据分析,了解 PAM 调制方式的优缺点。

【实验内容】

(1)抽样和分路脉冲的形成。

(2)测试输入信号频率与抽样频率之间的关系,验证抽样定理。

(3)PAM 信号的形成和解调。

【实验原理】

在通信技术中为了获取最大的经济效益,就必须充分利用信道的传输能力,扩大通信容量。因此,采取多路化制式是极为重要的通信手段。最常用的多路复用体制是频分多路复用(FDM)通信系统和时分多路复用(TDM)通信系统。频分多路技术是用不同频率的正弦载波对基带信号进行调制,把各路基带信号频谱搬移到不同的频段上,在同一信道上传输;而时分多路系统中则是利用不同时序的脉冲对基带信号进行抽样,把抽样后的脉冲信号按时序排列起来,在同一信道中传输。

利用抽样脉冲把一个连续信号变为离散时间样值的过程称为抽样,抽样后的信号称为脉冲调幅(PAM)信号。在满足抽样定理的条件下,抽样信号保留了原信号的全部信息。并且,从抽样信号中可以无失真地恢复出原信号。

抽样定理在通信系统、信息传输理论方面占有十分重要的地位,数字通信系统是以此定理作为理论基础的。在设备工作中,抽样过程是模拟信号数字化的第一步,抽样性能的优劣关系到整个系统的性能指标。

图 2.10.1 给出了传输一路语音信号的 PAM 系统。从图中可以看出要实现对语音的 PAM 编码,首先就要对语音信号进行抽样,然后才能进行量化和编码。因此,抽样过程是语音信号数字化的重要环节,也是一切模拟信号数字化的重要环节。

1. 抽样定理

抽样定理指出,一个频带受限信号 $m(t)$ 如果它的最高频率为 f_H(即 $m(t)$ 的频谱中没有 f_H 以上的分量),可以唯一地由频率大于或等于 $2f_H$ 的样值序列所决定。因此,对于一个最高频率为 3 400 Hz 的语音信号 $m(t)$,可以用频率大于或等于 6 800 Hz 的样值序列来表示。抽样频率 f_S 和语音信号 $m(t)$ 的频谱如图 2.10.2 和图 2.10.3 所示。由频谱可知,用截止频率为 f_H 的理想低通滤波器可以无失真地恢复原始信号 $m(t)$,这就说明了抽样定理的正确性。

实际上,考虑到低通滤波器特性不可能理想,对最高频率为 3 400 Hz 的语音信号,通常采用 8 000 Hz 抽样频率,这样可以留出 1 200 Hz 的防卫带,如图 2.10.4 所示。如果 $f_S < 2f_H$,就会出现频谱混迭的现象,如图 2.10.5 所示。

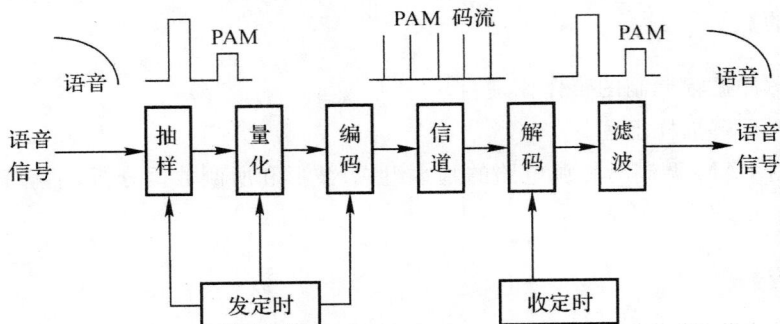

图 2.10.1　单路 PAM 系统示意图

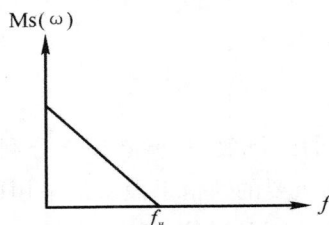

图 2.10.2　语音信号的频谱

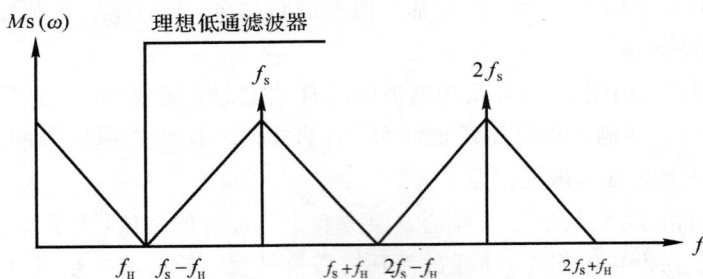

图 2.10.3　语音信号的抽样频谱和抽样信号频谱

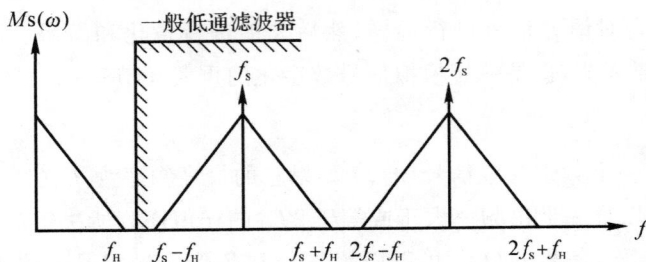

图 2.10.4　留出防卫带的语音信号的抽样频谱

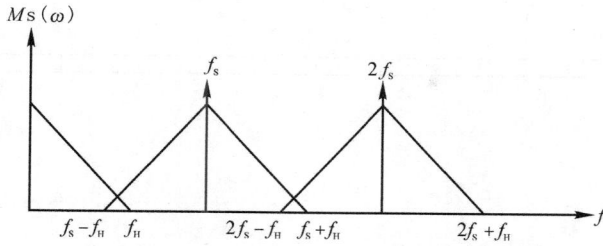

图 2.10.5　$f_s < 2f_H$ 时语音信号的抽样频谱

在验证抽样定理的实验中,我们用单一频率 f_H 的正弦波来代替实际的语音信号,采用标准抽样频率 $f_s = 8\,\text{kHz}$。改变音频信号的频率 f_H,分别观察不同频率时,抽样序列和低通滤波器的输出信号,体会抽样定理的正确性。

验证抽样定理的实验框图如图 2.10.6 所示。抽样电路采用模拟抽样保持开关电路。抽样开关(抽样门)在抽样脉冲的控制下以 8 000 次/s 的速度开关。当抽样脉冲没来时,抽样开关处于截止状态,输出信号为"0";抽样脉冲来时,抽样开关打开,模拟信号可以输出。这样,抽样脉冲期间模拟电压经抽样开关加到负载上。由于抽样电路的负载是一个电阻,因此抽样的输出端能得到一串脉冲信号,此脉冲信号的幅度与抽样时输入信号的瞬时值成正比例,脉冲的宽度与抽样脉冲的宽度相同。这样,脉冲信号就是脉冲调幅信号。当抽样脉冲宽度远小于抽样周期时,电路输出的结果接近于理想抽样序列。由图 2.10.6 可知,用一低通滤波器即可实现模拟信号的恢复。为便于观察,解调电路由射随、低通滤波器和放大器组成,低通滤波器的截止频率约为 3 400 Hz。

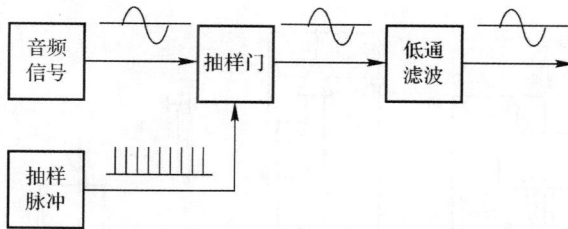

图 2.10.6　抽样定理实验框图

2. 电路组成

脉冲幅度调制实验系统结构图如图 2.10.7 所示,主要由输入电路、调制电路、脉冲发生电路、解调滤波电路组成。其中输入电路、调制电路原理图和解调滤波电路如图 2.10.8 所示,脉冲发生电路略。

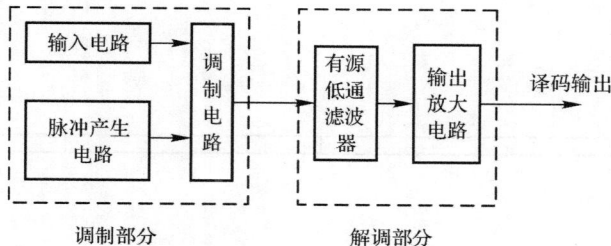

图 2.10.7　PAM 调制解调系统结构图

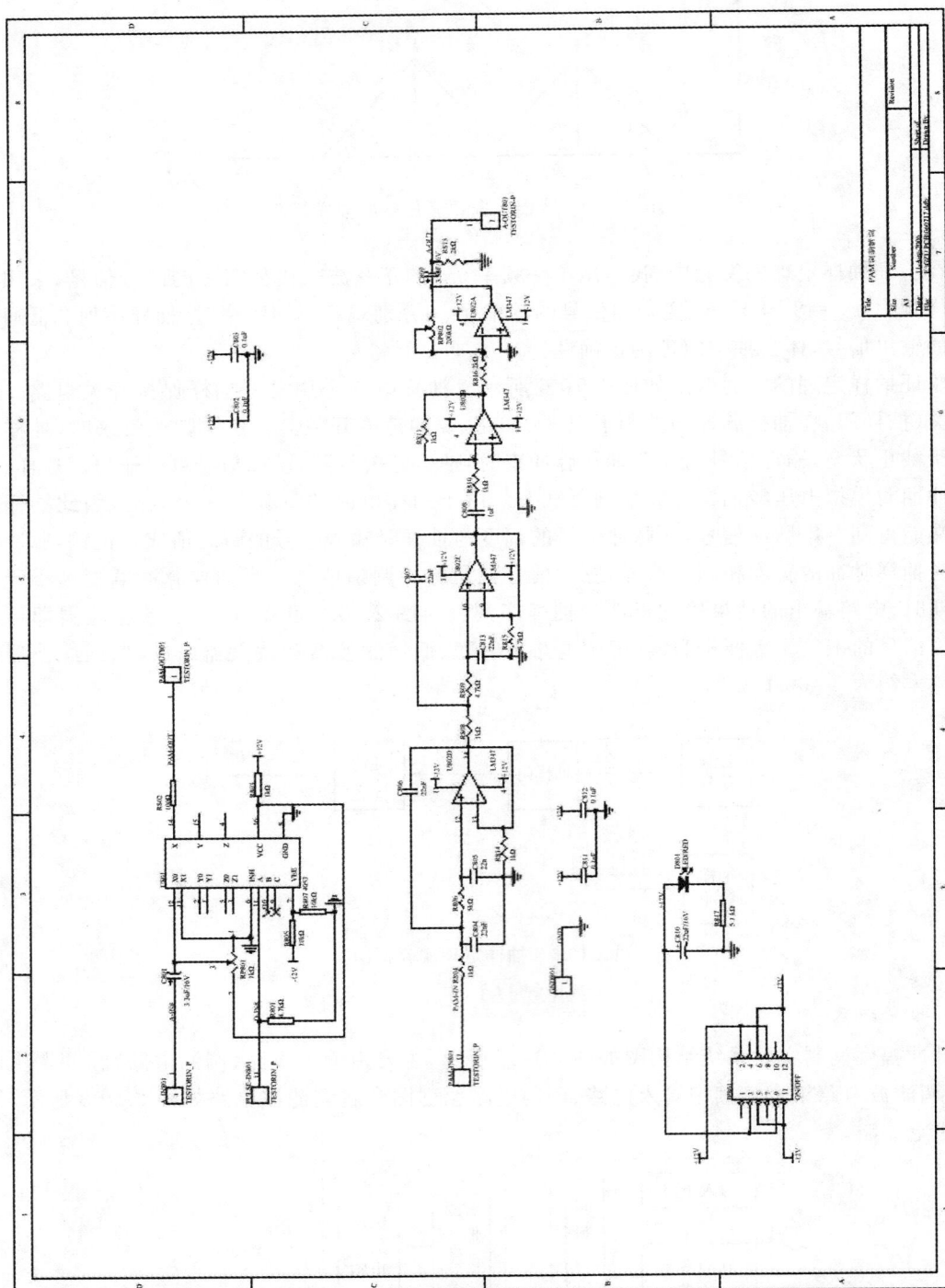

图 2.10.8　PAM调制解调电路原理图

3. 实验电路工作原理

这是一种简单的脉冲幅度调制实验电路,在设计上有一定的普遍性和代表性,电路清晰直观。为了能够使学生在实验时能够更深刻地理解电路工作原理和波形测试,没有使用大规模的专用芯片,而采用了分离器件与小规模集成电路相结合的设计。

由图 2.10.8 可知,外部输入的低频正弦信号从 A-IN 经电容 C33 进入抽样电路 U23,高频抽样脉冲经 PULSE-IN 进入抽样电路 U23 的控制门,当有高电平送入时,U23 打开 X0(输入)与 X(PAM 输出)的通道,使正弦信号通过,当为低电平或没有接入抽样脉冲时,X(PAM 输出)为 0,这样,我们就通过一个简单电路实现了抽样电路。

由高等教育出版社张会生主编的教材《通信原理》可知,对于 PAM 信号的译码,只需用低通滤波器即可实现。图 2.10.8 为一个五阶的 LPF 电路,U22A 与 U22B 分别组成两个二阶的有源 LPF,R55 与 C34 组成一个一阶无源 LPF;U22D 为输出信号放大器,最终译码信号由 A-OUT 输出。

4. 脉冲生成电路工作原理

在实验系统中,该部分的脉冲是从脉冲信源模块的 PULSEOUT 端口引出来的,该端口的输出脉冲频率范围为 4~128 kHz,其具体对应关系见表 2.10.1。

表 2.10.1 开关状态与输出脉冲频率对应关系

S1 开关状态	PULSEOUT 输出脉冲频率
1-5:OFF 6:ON	128 kHz
1-4:OFF 5:ON 6:OFF	64 kHz
1-3:OFF 4:ON 5-6:OFF	32 kHz
1-2:OFF 3:ON 4-6:OFF	16 kHz
1: OFF 2:ON 3-6:OFF	8 kHz
1: ON 2-6:OFF	4 kHz

【实验仪器】

本实验所使用的基本仪器见表 2.10.2。

表 2.10.2 基本仪器

名 称	要求达到的指标	数量/台
双踪同步示波器	60 MHz	1
任意波形发生器	20 MHz	1
通信原理Ⅵ型实验箱		1
M5 模拟调制解调模块		1

【实验方法与步骤】

1. PAM 调制实验连线见表 2.10.3

表 2.10.3　端口对应关系(一)

源端口	目的端口
正弦信号源:频率输出	PAM 调制单元:AIN
脉冲产生模块:PULSE‑OUT	PAM 调制单元:PULSE‑IN

2. PAM 调制实验步骤

(1)打开电源开关及接通 M5 模拟调制解调模块电源。

(2)调整低频正弦信号源,用示波器分别测量 PAM 调制单元 A‑IN 和 PULSE‑IN 端口的波形与频率。

(3)调整正弦信号源的可调电阻,使其输出一不失真的正弦信号(频率为 1 kHz,幅度为 $4V_{PP}$)。将脉冲信号源拨码开关 S1 的 1 拨向 ON 的位置,此时 PULSEOUT 输出的脉冲为 4 kHz 的脉冲,然后分别将 S1 的 2,3,4,5,6 拨向 ON 的位置(脉冲频率逐渐提高),记录各种脉冲频率下的 PAM‑OUT 的输出波形。借助理论分析说明抽样定理的正确性。

(4)输入正弦频率 $f_{st} \geq 3$ kHz 时,特别当观察抽样频率 $f_c \leq 2f_{st}$ 时,请注意区别临界状态时的波形与频率,并记下奈氏速率。

(5)在验证抽样定理时,有时会产生波形不同步现象,在示波器中观察不到稳定的信号,此时可以调整输入正弦信号的频率使之同步,有时需反复耐心地调整才能观察到,也可将示波器外加触发信号源,它可以是抽样脉冲,也可为输入正弦,视具体情况而定。

3. PAM 解调实验连线

关闭系统电源,保持 PAM 调制实验部分连线不变,继续增加以下连线,见表 2.10.4。

表 2.10.4　端口对应关系(二)

源端口	目的端口
PAM 调制单元:PAMOUT	PAM 解调单元:PAMIN

5. PAM 解调实验步骤

(1)接通所用实验单元的电源。

(2)将输入正弦信号频率固定在 2 kHz,改变抽样脉冲的频率 f_c,用示波器观察 PAM 解调单元的输出端口(解调信号)的输出波形,并与输入波形相比较,检查其失真度。

(3)将输入正弦信号频率 f_{st} 固定在 4 kHz,改变抽样脉冲的频率 f_c,使 $f_c < 2f_{st}$,$f_c = 2f_{st}$,$f_c > 2f_{st}$,观察并记录 PAM 解调单元的输出端口 A‑OUT 的输出波形,记录在系统通信状态下的奈氏速率。

6. PAM 双机通信系统设计(*)

关闭系统电源,取两套 PAM 调制解调模块,一套为一号机,另一套为二号机,将两台实验系统的连线做如下更改。

(1)用实验导线将两台系统的 GND 端口连接。

(2)将一号机的 PAM 已调信号与二号机的调制信号相连接。

(3)将二号机的 PAM 已调信号与一号机的调制信号相连接。

调整两台系统的抽样频率,观察两台系统的 PAM 解调输出,与原始正弦信号进行对比,分析其失真度。

【实验思考题】

(1)绘出所做实验的电路及仪表的连接图,并列出所列各点的波形、频率等有关数据,对所测数据做简要说明,必要时借助于计算公式及推导。

(2)PAM 系统解调为什么采用低通滤波器即可完成?

(3)PAM 系统有何优缺点?若用多路复用时,还应考虑哪些因素?

(4)将语音信号进行 PAM 编译码传输:请拟定完整的实验方案,画出其结构框图,利用实验系统上现有的资源,完成语音双机全双工通信实验。

2.11 实验 11 PCM 编译码实验

【实验目的】

(1)掌握 PCM 编译码原理。

(2)掌握 PCM 基带信号的形成过程及分接过程。

(3)掌握语音信号 PCM 编译码系统的动态范围和频率特性的定义及测量方法。

【实验内容】

(1)观察编译码波形。

(2)测试动态范围、信噪比和系统频率特性。

(3)对系统性能指标进行测试和分析。

1)系统输出信噪比特性测量；

2)编码动态范围和系统动态范围测量；

3)系统幅频特性测量；

4)空载噪声测量。

【实验原理】

1. 点到点 PCM 多路电话通信原理

脉冲编码调制(PCM)技术与增量调制(ΔM)技术已经在数字通信系统中得到广泛应用。当信道噪声比较小时一般用 PCM,否则一般用 ΔM。目前速率在 155 MB 以下的准同步数字系列(PDH)中,国际上存在 A 律和 μ 律两种 PCM 编译码标准系列,在 155 MB 以上的同步数字系列(SDH)中,将这两个系列统一起来,在同一个等级上两个系列的码速率相同。而 ΔM 在国际上无统一标准,但它在通信环境比较恶劣时显示了巨大的优越性。

点到点 PCM 多路电话通信原理可用图 2.11.1 表示。对于基带通信系统,广义信道包括传输媒质、收滤波器和发滤波器等。对于频带系统,广义信道包括传输媒质、调制器、解调器、发滤波器和收滤波器等。

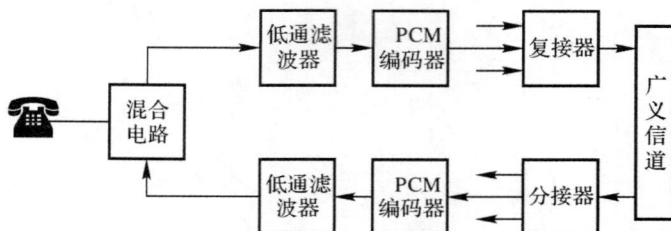

图 2.11.1 点到点 PCM 多路电话通信原理框图

本实验模块可以传输两路话音信号。采用 MC145503 编译器,它包括了图 2.11.1 中的收、发低通滤波器及 PCM 编译码器。编码器输入信号可以是本实验系统内部产生的正弦信号,也可以是外部信号源的正弦信号或电话信号。本实验模块中不含电话机和混合电路,广义信道是理想的,即将复接器输出的 PCM 信号直接送给分接器。

2. PCM 编译码模块原理

本模块的原理方框图及电路原理图分别如图 2.11.2 和图 2.11.3 所示。

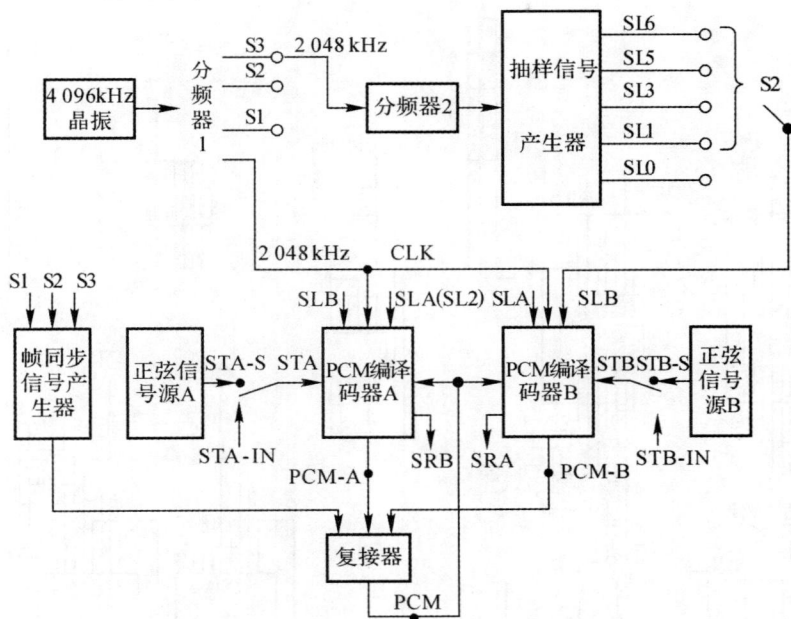

图 2.11.2　PCM 编译码原理方框图

该模块上有以下测试点和输入点。

- BS——PCM 基群时钟信号（位同步信号）测试点；
- SL0——PCM 基群第 0 个时隙同步信号；
- SLA——信号 A 的抽样信号及时隙同步信号测试点；
- SLB——信号 B 的抽样信号及时隙同步信号测试点；
- SRB——信号 B 译码输出信号测试点；
- STA——输入到编码器 A 的信号测试点；
- SRA——信号 A 译码输出信号测试点；
- STB——输入到编码器 B 的信号测试点；
- STA - S——正弦信号源 A 测试点；
- STB - S——正弦信号源 B 测试点；
- STA - IN——外部音频信号 A 输入点；
- STB - IN——外部音频信号 B 输入点；
- PCM - OUT——PCM 基群信号输出点；
- PCM - IN——PCM 基群信号输入点；
- PCMAOUT——信号 A 编码结果输出点（不经过复接器）；
- PCMBOUT——信号 B 编码结果输出点（不经过复接器）；
- PCMAIN——信号 A 编码结果输入点（不经过复接器）；
- PCMBIN——信号 B 编码结果输入点（不经过复接器）。

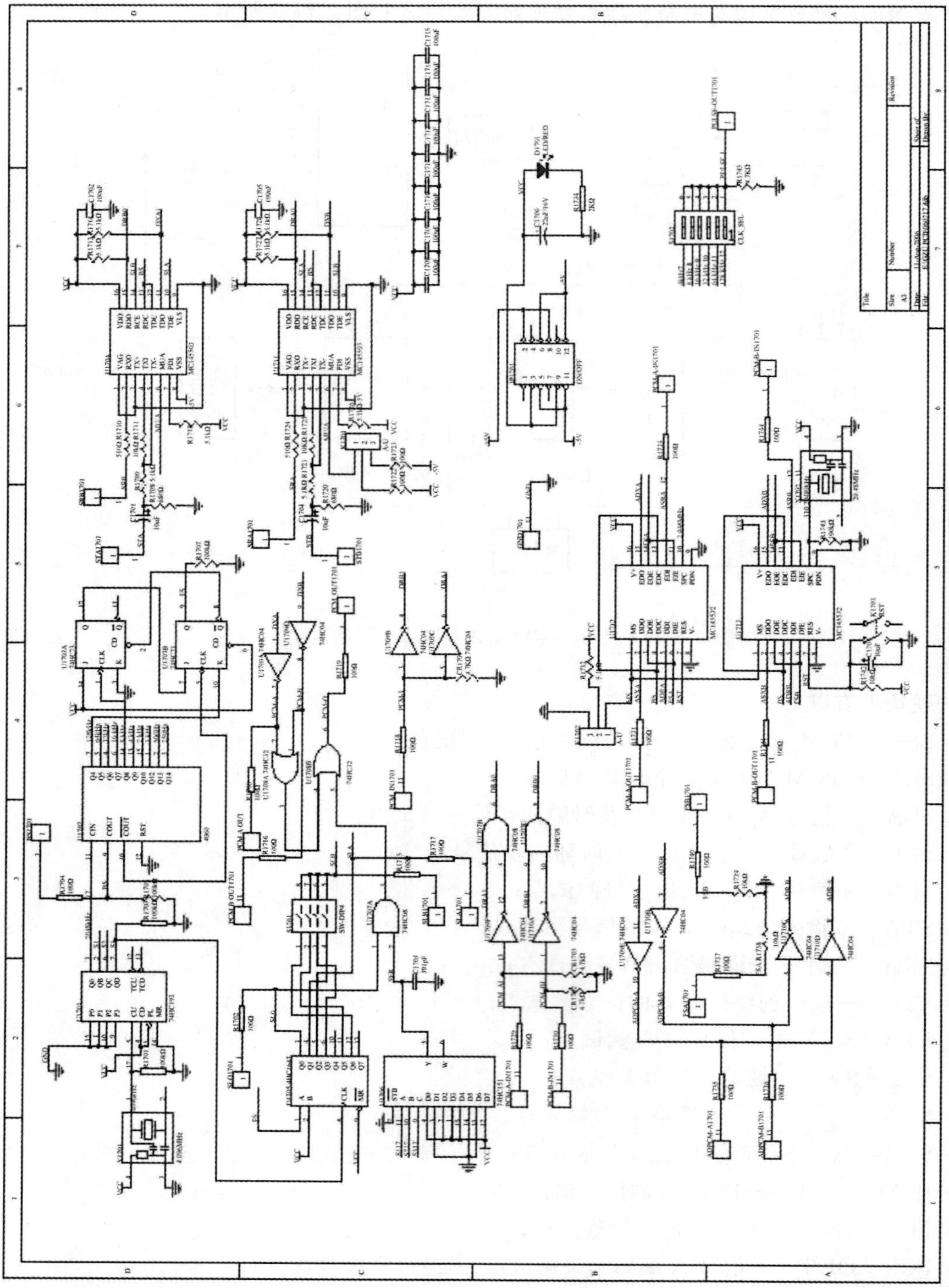

图 2.11.3　PCM 编译码模块电路原理图

本模块上有 S2(K1)这个拨码开关,用来选择 SLB 信号为时隙同步信号 SL1,SL3,SL5 和 SL6 中的任一个。

图 2.11.2 中各单元与图 2.11.3 中元器件之间的对应关系如下。

- 晶振——X1:4.096 MHz 晶振。
- 分频器 1/2——U1:74LS193;U6:74HC4060。
- 抽样信号产生器——U5:74HC73;U2:74HC164。
- PCM 编译码器 A——U10:PCM 编译码集成电路 MC145503。
- PCM 编译码器 B——U11:PCM 编译码集成电路 MC145503。
- 帧同步信号产生器——U3:8 位数据产生器 74HC151;U4:A:与门 7408。
- 复接器——U9:或门 74LS32。

晶振、分频器 1、分频器 2 及抽样信号(时隙同步信号)产生器构成一个定时器,为两个 PCM 编译码器提供 2.048 MHz 的时钟信号和 8 kHz 的时隙同步信号。在实际通信系统中,译码器的时钟信号(即位同步信号)及时隙同步信号(即帧同步信号)应从接收到的数据流中提取,方法如实验 5 及实验 6 所述。此处将同步器产生的时钟信号及时隙同步信号直接送给译码器。

由于时钟频率为 2.048 MHz,抽样信号频率为 8 kHz,故 PCM - A 及 PCM - B 的码速率都是 2.048 MB,一帧中有 32 个时隙,其中 1 个时隙为 PCM 编码数据,另外 31 个时隙都是空时隙。

PCM 信号码速率也是 2.048 MB,一帧中的 32 个时隙中有 29 个是空时隙,第 0 时隙为帧同步码(×1110010)时隙,第 2 时隙为信号 A 的时隙,第 1(或第 3、第 5、或第 6——由拨码开关 S2 控制)时隙为信号 B 的时隙。

本实验产生的 PCM 信号类似于 PCM 基群信号,但第 16 个时隙没有信令信号,第 0 时隙中的信号与 PCM 基群的第 0 时隙的信号也不完全相同。

由于两个 PCM 编译码器用同一个时钟信号,因而可以对它们进行同步复接(即不需要进行码速调整)。又由于两个编码器输出数据处于不同时隙,故可对 PCM - A 和 PCM - B 进行线或。本模块中用或门 74LS32 对 PCMA,PCMB 及帧同步信号进行复接。在译码之前,不需要对 PCM 进行分接处理,译码器的时隙同步信号实际上起到了对信号分路的作用。

在通信工程中,主要用动态范围和频率特性来说明 PCM 编译码器的性能。

动态范围的定义是译码器输出信噪比大于 25 dB 时允许编码器输入信号幅度的变化范围。PCM 编译码器的动态范围应大于图 2.11.4 所示的 CCITT 建议框架(样板值)。

当编码器输入信号幅度超过其动态范围时,出现过载噪声,故编码输入信号幅度过大时量化信噪比急剧下降。MC145503 编译码系统不过载输入信号的最大幅度为 5 V_{PP}。

由于采用对数压扩技术,PCM 编译码系统可以改善小信号的量化信噪比,MC145503 可采用 A 律 13 折线对信号进行压扩。当信号处于某一段落时,量化噪声不变(因在此段落内对信号进行均匀量化),因此在同一段落内量化信噪比随信号幅度减小而下降。13 折线压扩特性曲线将正负信号各分为 8 段,第 1 段信号最小,第 8 段信号最大。当信号处于第一、二段时,量化噪声不随信号幅度变化,因此当信号幅度太小时,量化信噪比会小于 25 dB,这就是动态范围的下限。MC145503 编译码系统动态范围内的输入信号最小幅度约为 0.025 V_{PP}。

常用 1 kHz 的正弦信号作为输入信号来测量 PCM 编译码器的动态范围。

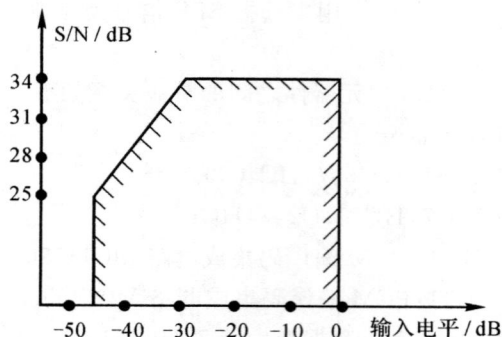

图 2.11.4　PCM 编译码系统动态范围样板值

语音信号的抽样信号频率为 8 kHz,为了不发生频谱混叠,常将语音信号经截止频率为 3.4 kHz的低通滤波器处理后再进行 A/D 处理。语音信号的最低频率一般为 300 Hz。MC145503 编码器的低通滤波器和高通滤波器决定了编译码系统的频率特性,当输入信号频率超过这两个滤波器的频率范围时,译码输出信号幅度迅速下降。这就是 PCM 编译码系统频率特性的含义。

【实验仪器】

本实验所使用的基本仪器见表 2.11.1。

表 2.11.1　基本仪器

名　称	要求达到的指标	数量 / 台
双踪同步示波器	60 MHz	1
任意波形发生器	20 MHz	1
通信原理Ⅵ型实验箱		1
M3:PCM 与 ADPCM 编译码模块		1
失真度仪(选用)		1

【实验方法与步骤】

(1)实验连线见表 2.11.2。

表 2.11.2　端口对应关系

源端口	目的端口
正弦信号源:OUT1	PCM&ADPCM 编译码单元:STA
正弦信号源:OUT2	PCM&ADPCM 编译码单元:STB
PCM&ADPCM 编译码单元:PCMAOUT	PCM&ADPCM 编译码单元:PCMAIN
PCM&ADPCM 编译码单元:PCMBOUT	PCM&ADPCM 编译码单元:PCMBIN
PCM&ADPCM 编译码单元:PCM_IN	PCM&ADPCM 编译码单元:PCM_OUT

(2)熟悉 PCM 编译码模块,开关 S1 接通 SL1(或 SL3,SL5,SL6),打开电源开关。

(3)用示波器观察 STA,STB,将其幅度调至 2 V_{PP}。

(4)用示波器观察 PCM 编码输出信号。

1)当采用非集群方式时:

● 测量 A 通道时:将示波器 CH1 接 SLA(示波器扫描周期不超过 SLA 的周期,以便观察到一个完整的帧信号),CH2 接 PCMAOUT,观察编码后的数据与时隙同步信号的关系。

● 测量 B 通道时:将示波器 CH1 接 SLB,(示滤波器扫描周期不超过 SLB 的周期,以便观察到一个完整的帧信号),CH2 接 PCMBOUT,观察编码后的数据与时隙同步信号的关系。

2)当采用集群方式时:将示波器 CH1 接 SL0,(示滤波器扫描周期不超过 SL0 的周期,以便观察到一个完整的帧信号),CH2 分别接 SLA,PCMAOUT,SLB,PCMBOUT 以及 PCM - OUT,观察编码后的数据所处时隙位置与时隙同步信号的关系以及 PCM 信号的帧结构(注意:本实验的帧结构中有 29 个时隙是空时隙,SL0,SLA 及 SLB 的脉冲宽度等于一个时隙宽度)。开关 S1 分别接通 S1 - 1,S1 - 2,S1 - 3,S1 - 4,观察 PCM 集群帧结构的变化情况。

(5)用示波器观察 PCM 译码输出信号。

示波器的 CH1 接 STA,CH2 接 SRA,观察这两个信号波形是否相同(有相位差)。

示波器的 CH1 接 STB,CH2 接 SRB,观察这两个信号波形是否相同(有相位差)。

(6)用示波器定性观察 PCM 编译码器的动态范围。

将低失真低频信号发生器输出的 1 kHz 正弦信号从 STA - IN 输入到 MC145503 编码器。示波器的 CH1 接 STA(编码输入),CH2 接 SRA(译码输出)。将信号幅度分别调至大于 5 V_{PP}、等于 5 V_{PP},观察过载和满载时的译码输出波形。再将信号幅度分别衰减 10 dB,20 dB,30 dB,40 dB,45 dB,50 dB,观察译码输出波形(当衰减 45 dB 以上时,译码输出信号波形上叠加有较明显的噪声)。

(7)定量测试 PCM 编译码器的动态范围和频率特性(选做)。

图 2.11.5 所示为动态范围测试方框图。音频信号发生器(最好用低失真低频信号发生器)输出 1 kHz 正弦信号,将幅度调为 5 V_{PP}(设为 0 dB),测试 S/N,再将信号幅度分别降低 10 dB,20 dB,30 dB,45 dB,50 dB,测试各种信号幅度下的 S/N,将测试数据填入表 2.11.3。

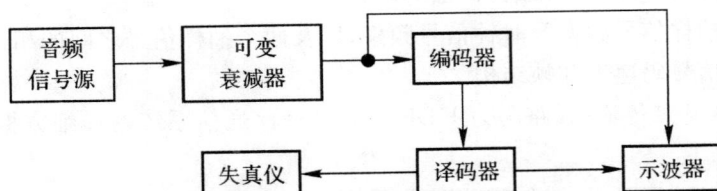

图 2.11.5　动态范围测量框图

表 2.11.3　动态范围测试数据

信号幅度/dB	0	−10	−20	−30	−40	−45	−50
S/N/dB							

频率特性测试框图如图 2.11.6 所示。将输入信号电压调至 2 V_{pp} 左右,改变信号频率,测

量译码输出信号幅度,将测试结果填入表 2.11.4。

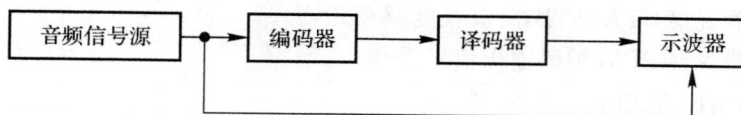

图 2.11.6　频率特性测试框图

表 2.11.4　频率特性测试结果

输入信号频率/kHz	4	3.8	3.6	3.4	3.0	2.5	2.0	1.5	1.0	0.5	0.3	0.2	0.1
输出信号幅度/V													

(8)两人通话实验(选做)。

本模块提供了两个人通话的信道。由于麦克风输出的信号幅度比较小,需放大到 $2\,V_{pp}$ 左右再由 STA 和 STB 输入到两个编码器。译码器输出信号由 SRA 和 SRB 输出,其幅度较大(与 STA – IN,STB – IN 相同),需衰减到适当值后再送给扬声器。

在话筒输入放大电路中,可以通过调整可调电阻 R18 来改变输出增益。

在语音输出放大电路中,可以通过调整可调电阻 R12 和 R22 来改变输出音量。

在实验时,只需将话筒输出信号从 MIC – OUT 端口连接到 STA(或 STB),再将译码后的语音信号从 SRA(或 SRB)连接到 MIC – IN 即可,但需将 STA 或 STB 端口的原有连线去除。

【实验思考题】

(1)整理实验记录,画出量化信噪比与编码器输入信号幅度之间的关系曲线以及译码输出信号幅度与编码输入信号频率之间的关系曲线。

(2)设 PCM 通信系统传输两路话音,每帧三个时隙,每路话音各占一个时隙,另一个时隙为帧同步时隙,使用 MC145503 编译码器。求:

1)编码器的抽样信号频率及时钟信号频率,以及两个抽样信号之间的相位关系。

2)时分复用信号码速率和帧结构。

3)采用 PCM 基带传输,线路码为 HDB3 码,设计此通信系统的详细方框图以及 PCM 编译码电路。

4)采用 PCM/2DPSK 频带传输,设计此通信系统的详细方框图。

2.12　实验 12　增量调制编译码实验

【实验目的】

(1)掌握增量调制编码的基本原理。

(2)理解实验电路的工作过程。

(3)了解不同速率下对编码的影响,以及低速率编码时的输出波形。

(4)掌握测量系统的过载特性、编码动态范围以及最大量化信噪比的测量方法。

【实验内容】

(1)观察测量 CVSD 编、译码过程中的各种信号。

(2)对系统性能指标进行测试和分析。

1)过载特性的测量是在不同频率和不同信号幅度的情况下分别进行测量的。

2)系统输出信噪比特性测量。

3)编码动态范围和系统动态范围测量。

4)空载噪声测量。

5)系统幅频特性测量。

【实验原理】

整个系统的编译码电路原理图如图 2.12.1 所示。

整个系统的编译码电路采用的是 MOTOROLA 公司的大规模专用集成电路 MC3418。对于该芯片的详细介绍在这里就不叙述了,请参阅附录 4。CVSD 系统各种基本特性这里也略叙了,请参阅相关教材。

下面分别对编码电路和译码电路作简单介绍。

1.编码电路基本工作原理

由图 2.12.1 可知,音频信号通过端口 A - IN 经滤波处理后送入 MC34115 的模拟信号输入脚(1 脚),芯片的 15 脚经一上拉电阻接高电平,表示该芯片为编码芯片,此时芯片内的模拟输入运算放大器与移位寄存器接通,经芯片内部编码器编码后,最终由 9 脚输出。该信码在片内经过 3 级或 4 级移位寄存器及检测逻辑电路,检测过去的 3 位或 4 位信码中是否为连续"1"或"0"的出现。一旦当移位寄存器各级输出为全"1"或"0"时,表明积分运算放大器增益过小,检测逻辑电路从 11 脚输出负极性一致脉冲,经过外接音节平滑滤波器后得到量阶控制电压输入到 3 脚,由内部电路决定,GC 端电压与 SY 端相同。

第 4 脚(GC)输入电流经过 V - I 变换运算放大器,再经量阶极性控制开关送到积分运算放大器,极性开关则同信码控制。外接积分网络与芯片内部积分运算放大器相连,在二次积分网络上得到本地解码信号送回 ANF 端与输入信号再进行比较,以完成整个编码过程。

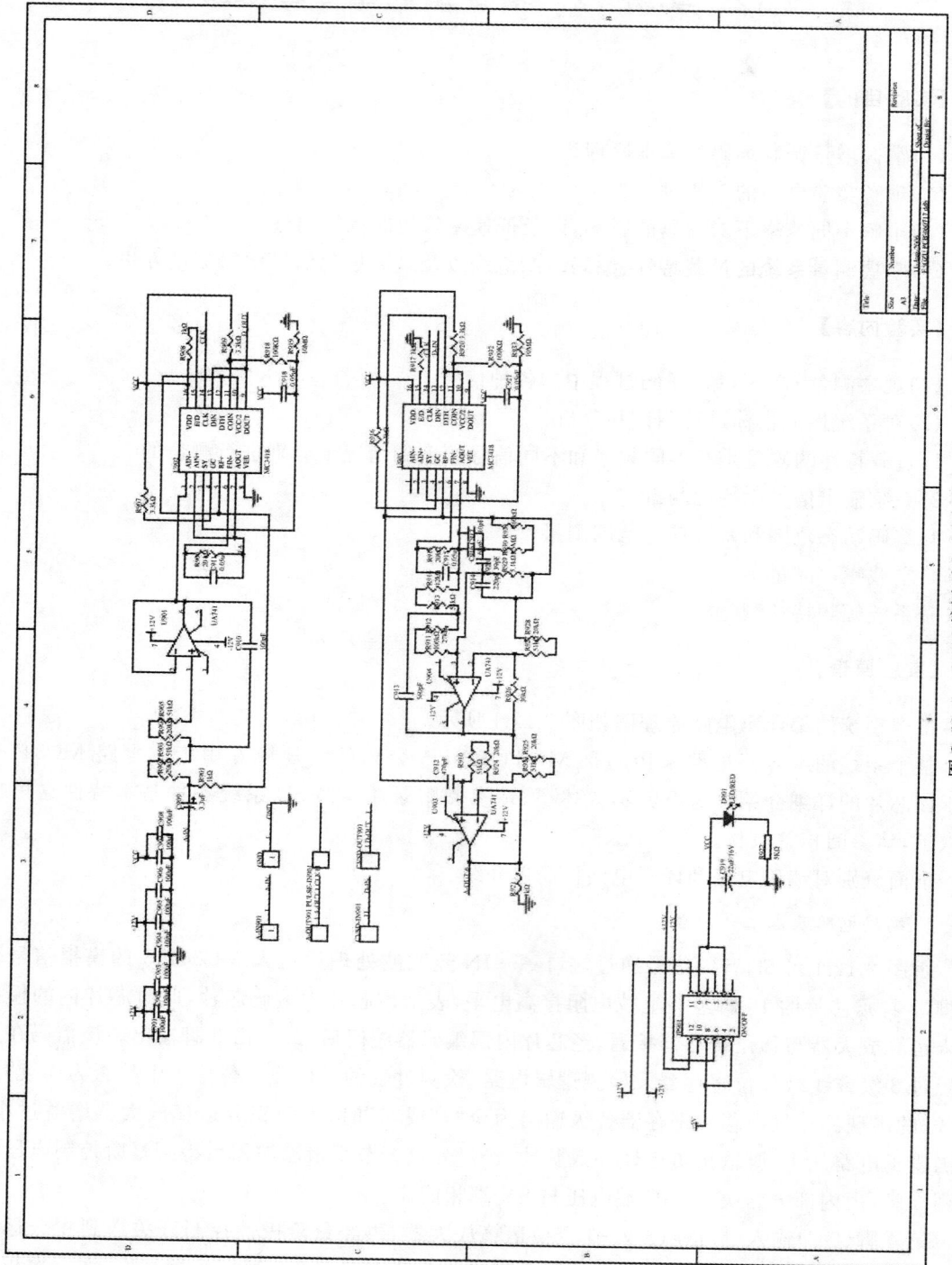

图 2.12.1 CVSD编译码电路原理图

在没有音频信号输入时,话路是空闲状态,则编码器应能输出稳定的"1"或"0"交替码,这需要一种最小积分电流来实现。由于可读性开关的失配,积分运算放大器与模拟输入运算放大器的电压失调,此电流不能太小,不由无法得到稳定的"1"或"0"交替码。该芯片总环路失调电压约为 1.5 mV,所以量阶可选择为 3 mV。

2. 译码电路基本工作原理

由图 2.12.1 可知,端口 CVSD - IN 送进来的编码数据送入芯片的 13 脚,即信号输入脚,从图中可以看到,芯片的 15 脚经一电阻下拉至 0 电平,所以该芯片工作在译码方式,使模拟输入运算放大器与移位寄存器断开,而数字输入运算放大器与移位寄存器接通,这样,接收数据信码经过数字输入运算放大器整形后送到移位寄存器,后面的工作过程与编码相同,只是解调信号不再送回第 2 脚,而是直接送入后面的积分网络中,再通过接收通道低通滤波电路滤去高频量化噪声,然后送出音频信号。

虽然 CVSD 系统的话音质量不如 PCM 数字系统的音质,但其电路比较简单,能用较低的速率进行编码,通常为 16~32 kbit/s,在用于单路数字电话通信时,不需要收发端同步,所以 CVSD 系统仍然广泛应用于数字话音通信系统中。

【实验仪器】

本实验所使用的基本仪器见表 2.12.1。

表 2.12.1　基本仪器

名　称	要求达到的指标	数量 / 台
双踪同步示波器	60 MHz	1
任意波形发生器	20 MHz	1
通信原理Ⅵ型实验箱		1
M5 模拟调制解调模块		1
失真度仪(选用)		1

【实验方法与步骤】

(1)关闭系统电源,根据表 2.12.2 进行实验连线。

表 2.12.2　端口对应关系

源端口	目的端口
正弦信号源:频率输出	CVSD 调制单元:A - IN
脉冲产生模块:PULSE - OUT	CVSD 调制单元:PULSE - IN
CVSD 调制单元:CVSD - OUT	CVSD 解调单元:CVSD - IN

(2)打开电源开关,调整正弦信号源输出频率和幅度适当的正弦信号。

(3)用示波器观察 CVSD 编码输出(CVSD-OUT 端口),改变拨码开关 S1 的开关位置,使其输出脉冲频率改变,记录下每一种频率时的编码波形。

(4)用示波器观察 CVSD 译码输出(A-OUT 端口),改变拨码开关 S1 的开关位置,使其输出脉冲频率改变,记录下每一种频率时的译码波形。选出最佳输出波形,并记录其编码时的脉冲频率。

(5)测量系统的过载特性。

1)将 S1 的开关拨向最佳传输时的输出脉冲频率位置。在增量调制系统的发送端(A-IN 端口)测量,调节低频信号源,改变其输出幅度由小到大,记录下使译码器输出小型失真时的临界过载电压 A_{MAX}。

2)改变输入信号频率 f,分别取 $f=800$ Hz、$1\,000$ Hz、$1\,200$ Hz、$1\,400$ Hz、$1\,600$ Hz、$1\,800$ Hz、$2\,000$ Hz、$2\,400$ Hz、$2\,800$ Hz 和 $3\,200$ Hz,列表记录相应的临界过载电平 A_{MAX},见表 2.12.3。

表 2.12.3　临界过载电平测量结果

临界过载电平 时钟速率 ＼ 信号频率	800	1 000	1 200	1 400	1 600	1 800	2 000	2 400	2 800	3 200
16 kHz										
32 kHz										
64 kHz										
128 kHz										

3)绘制过载特性曲线时,先要测量出输入信号某一频率的起始编码电平 A_K,然后再测量出临界过载电平 A_{MO},将临界过载电平 A_{MO} 与起始电平 A_K 之比取分贝数来表示。

如取输入信号频率 $f=1$ kHz,时钟频率为 32 kHz,调节输入信号的幅度 A_M 从零逐渐增大,用示波器观察译码输出端(A-OUT)的波形,记录下刚开始编码时的 A_M 值。然后继续增大输入信号的幅度,记录下 A-OUT 端波形开始失真时的临界过载电压 A_{MO},将 A_{MO}/A_K 之比值取分贝数表示,即可绘制出过载特性曲线中的一个点,见表 2.12.4。

表 2.12.4　过载特性曲线点测量结果

测量结果 编码电平 ＼ 信号频率	800	1 000	1 200	1 400	1 600	1 800	2 000	2 400	2 800	3 200
A_K/V										
A_{MO}/V										
$A_{MO}/A_K/dB$										

(6)测量系统的编码动态范围。

取输入信号的频率 $f=800$ Hz,时钟速率为 16 kHz,32 kHz,64 kHz,128 kHz 分别记录

各时钟速率下信号临界过载电压 A_{MAX} 值和起始编码电压 A_K，然后计算并取分贝来表示。

$$DC(dB) = 20\lg A_{MAX} - 20\lg A_K$$

取音频输入信号频率 $f = 1\,000$ Hz，见表 2.12.5。

表 2.12.5 编码动态测量结果

时钟频率 ＼ 信号频率 测量结果	A_{MO}/V	A_K/V	D_{WSC}/dB
16 kHz			
32 kHz			
64 kHz			
128 kHz			

(7)测量系统的最大信号量化噪声比(选做)。

实验工作时,通常采用失真度仪来测量最大信号量化噪声比。因为失真度与信噪比互为倒数,所以当用失真度仪测出失真度为 X 时,取其倒数 $1/X$ 即为信噪比,即失真度 $= X$,则

$$S/N_q = 1/X \quad 或 \quad S/N_q = 20\lg(1/X) \text{ dB}$$

关于失真度仪的工作原理、操作方法等见仪表说明书。

【实验思考题】

(1)完成所有测量并填写表格。

(2)提出一种提高系统的动态范围的方法。

(3)说出系统中的起始编码电平与信号频率及时钟工作频率的关系。

2.13 实验 13 话音信号多编码通信系统实验

【实验目的】

(1)了解话音信号的传输过程。

(2)了解话音信号不同方式的传输方法。

(3)加深对话音信号的多种编码原理的理解。

(4)了解对话音信号最优编码方式。

【实验内容】

(1)话音信号 AM 传输系统。

(2)话音信号 PAM 传输系统。

(3)话音信号 CVSD 传输系统。

(4)话音信号 PCM&ADPCM 传输系统。

【实验原理】

本实验为一综合性及灵活性较强的系统,是对前面有关实验的加强,因此对于每一种传输原理也不再作详细说明。

在本实验中所用到的实验单元主要有以下几种。

(1)话音输入/输出单元。

(2)正弦信号源单元。

(3)AM 调制/解调单元。

(4)PAM 调制/解调单元。

(5)CVSD 调制/解调单元。

(6)PCM&ADPCM 调制/解调单元。

对于上述模块的具体介绍请参阅实验 9、实验 10、实验 11 和实验 12。各种传输系统的连接框图如图 2.13.1～2.13.4 所示。

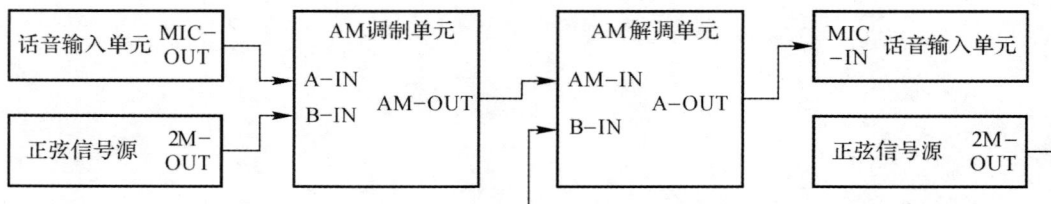

图 2.13.1 话音信号 AM 传输系统

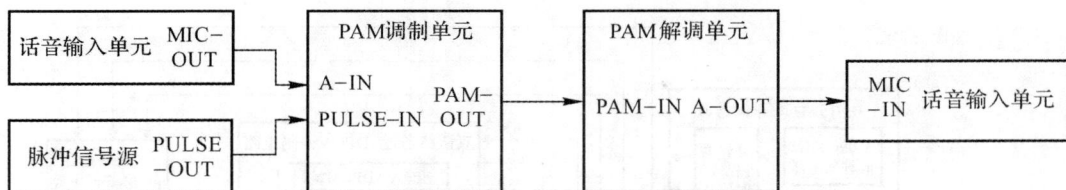

图 2.13.2 话音信号 PAM 传输系统

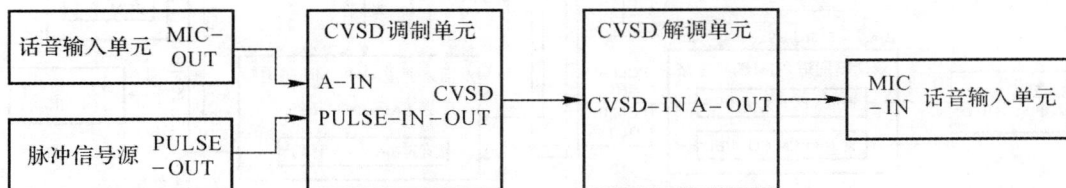

图 2.13.3 话音信号 CVSD 传输系统

【实验仪器】

本实验所使用的基本仪器见表 2.13.1。

表 2.13.1 基本仪器

名 称	要求达到的指标	数量／台
双踪同步示波器	60 MHz	1
通信原理 Ⅵ 型实验箱		1
M5 数字调制模块		1
M6 信源模块		1
麦克风和扬声器		1

【实验步骤】

本实验中的所有连线,请参阅实验 9、实验 10、实验 11 和实验 12 的实验连线。

(1)关闭系统电源,选择一种传输方式的实验连线。

(2)将耳塞话筒组的耳塞接头插入耳塞输出座,将话筒接头插入话筒输入座中。

(3)开启系统电源和相应模块的电源,进行实验,用示波器观察编码波形,并记录;感觉通话质量。

(4)继续进行其他方式的传输实验。

(5)比较几种传输方式的通话质量,选出最佳通话质量的传输方式。语音信号 PCM&ADPCM 传输系统如图 2.13.4 所示。

(6)对于 PAM 和 CVSD 两种方式,通过改变 PULSE - OUT 的输出频率,选出最佳通话质量的脉冲频率,并记录。

(7)选用两台实验系统,进行 AM,PAM,CVSD 的双机全双工话音通信实验,连线方式请自己设计,记录下连接图。

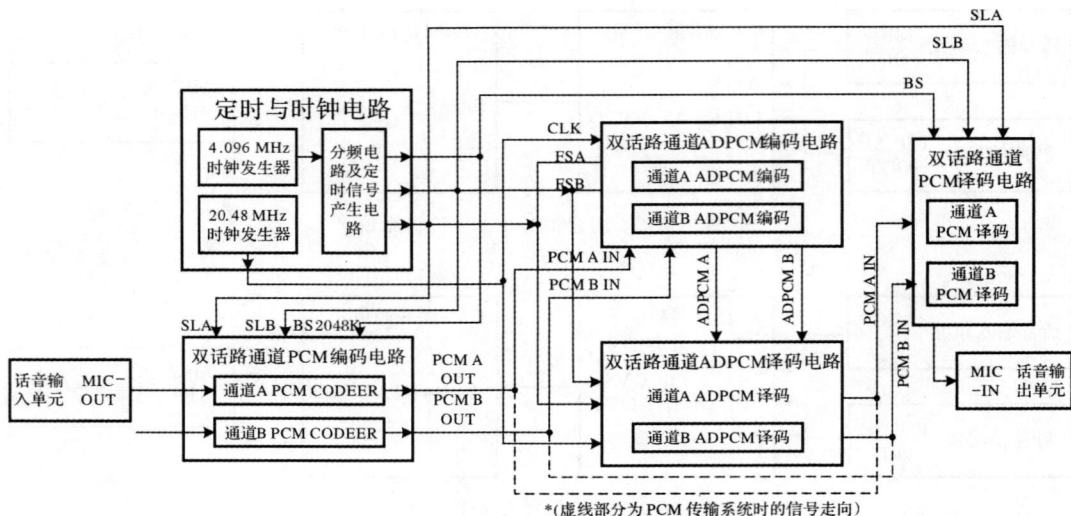

图 2.13.4 话音信号 PCM&ADPCM 传输系统

【实验思考题】

评价每一种传输方式的通话质量,选出通话质量最佳的传输方式,并说明其原因。对于 PCM 及 ADPCM 传输方式,若要实现两台实验系统进行全双工通话实验,如何进行实验?如果实验不成功,请分析失败原因。如果要使通信成功,对于接收译码电路要做何改变?如何实现?要增加些什么功能电路?

2.14　实验 14　码型变换实验

【实验目的】

(1)了解传号反转码(CMI)、双相码(BHP)和延迟调制码(Miller)等基带信号波形特点。
(2)掌握传号反转码(CMI)、双相码(BHP)和延迟调制码(Miller)的编码规则。
(3)掌握传号反转码(CMI)、双相码(BHP)和延迟调制码(Miller)的译码规则。

【实验内容】

(1)测试各种码型编译码的信号波形。
(2)总结三种码型与 NRZ 码的关系。

【实验原理】

本实验使用数字信源模块和可编程逻辑器件模块。

1. CMI,BHP,Miller 编译码

CMI,BHP,Miller 码的编码原理框图分别如图 2.14.1 和图 2.14.2 所示。在可编程逻辑器件单元中,有以下测试点及输出点。

- GCLK1(83)——4.433MHz 时钟输入点;
- IO-12——位同步输入点;
- IO-11——NRZ 输入点;
- IO-79——CMI 编码输出;
- IO-74——BHP 编码输出;
- IO-73——Miller 编码输出;
- IO-63——CMI 译码输出;
- IO-81——BHP 译码输出;
- IO-76——Miller 译码输出。

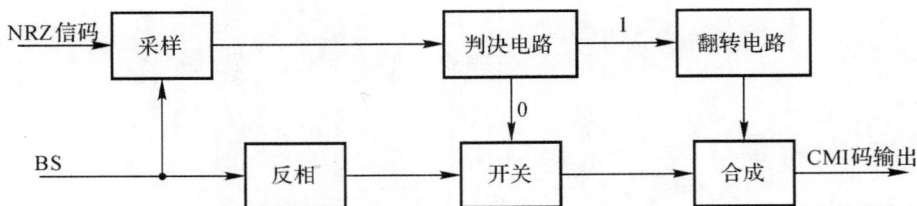

图 2.14.1　CMI 编码原理框图

图 2.14.3 所示为各个码型的对应关系,注意,输出信号中除 CMI 编码输出外皆有一定延迟。

CMI 码即为传号翻转码,"1"交替地用"00"和"11"来表示,而"0"则固定用"01"来表示,因此把信号从 1 位(bit)变成了 2 位(bit),属于二电平的 NRZ 的 1B2B 码型,这种码的特点是:①没有直流分量;②定时信号容易被提取,由波形可知,只要将负跳变取出即可作为定时信号;③有一定的纠错能力,因为在 CMI 码序列中只会有"01"和交替出现"00"或"11",不会出现"10"或连续出现"00"或"11",若出现就是错码。因此,在低速的系统中将 CMI 码选为传输码型。

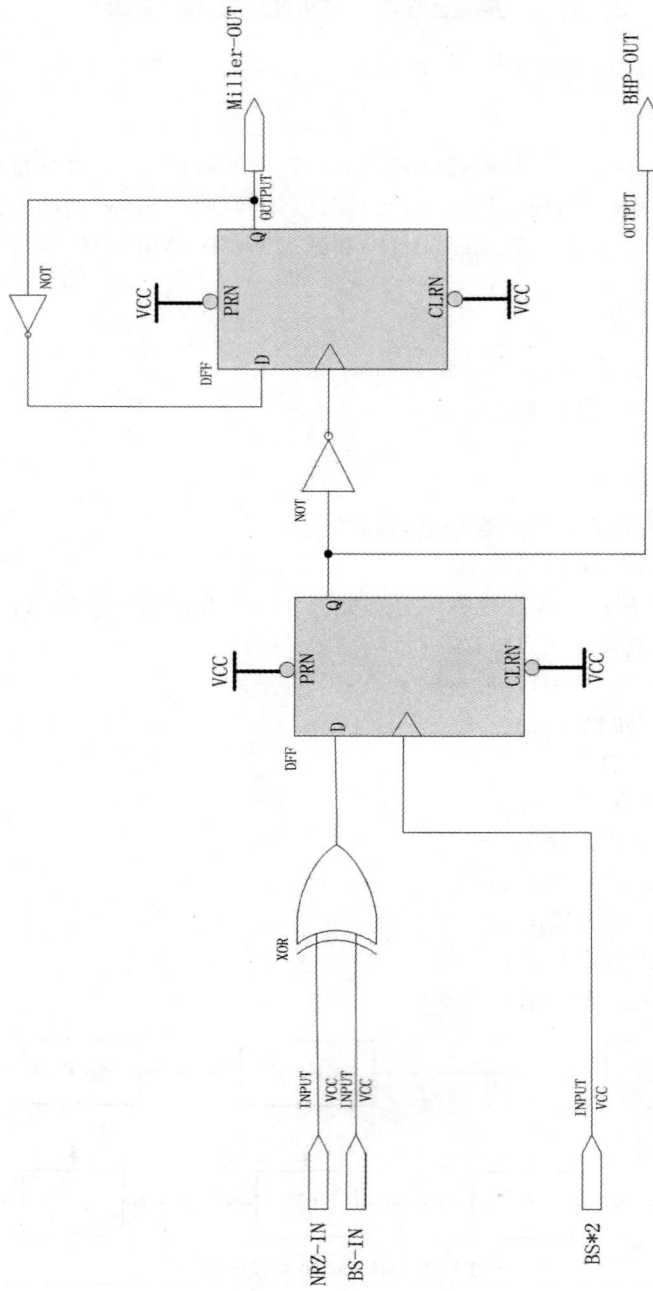

图 2.14.2　BHP, Miller 编码原理框图

CMI 编码的实现:在 BS 上升沿对 NRZ 取样,是 1 则输出一个 BS 周期的 1 或 0,选择标准是与上一个采样值为 1 时输出的值相反,即上一次输出 1 则这一次输出 0,反之亦然;采样值为 0 则将 BS 的一个周期取反后输出。

CMI 码为"00"或"11"时对应 NRZ 的 1,为"01"时对应 NRZ 的"0",由此可知,在 BS 信号的上升沿和下降沿分别采样,对应 CMI 与 NRZ 的关系就可以将 CMI 译码为 NRZ。注意,实际操作时为了避免采样出现冒险,使用延迟后的 BS 信号采样。

BHP 码又称双相码、反相码或 Manchester 码。它是用分别持续半个码元周期的正负电平组合表示信码"1",用分别持续半个码元周期的负正电平组合表示信码"0"。双相码的主要特点是不管信码的统计特性如何,在每个码元周期中点都存在电平跳变,因此比较容易提取定时信号,而且因为每个周期中正负电平各占一半,所以没有直流分量。但是它的脉冲最小宽度时码元周期的一半,所以它占用的带宽比相同周期的不归零码大一倍。

BHP 码的编码很简单,只要将 NRZ 码与 BS 的反相信号相异或即可。而它的译码需要用两倍 BS 频率的信号对其采样,"01"对应 NRZ 的"0","10"对应 NRZ 的"1"。

Miller 码又称延迟调制码,其编码规则为:信码"1"用"01"或"10"交替表示,信码"0"用"00"或"11"交替表示。它的主要特点是:①由编码规则可知,当信码序列出现"101"时,Miller码出现最大脉冲宽度为两个码元周期,而信码出现连"0"时,它的最小脉冲宽度为一个码元周期,这一性质可用于进行误码检测。②比较双相码与 Miller 码的码型,可以发现后者是前者经过一级触发器得来。

由上述特点可知 Miller 码的编码过程:将 NRZ 编码为 BHP 码,再由 BHP 码经过一级触发器即得 Miller 码。Miller 码的解码方法与 BHP 码相同,只要将判决条件改为 NRZ 与Miller码的对应关系即可。

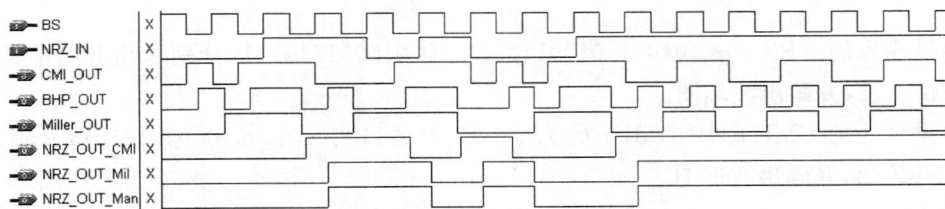

图 2.14.3　各码型对应关系

【实验仪器】

本实验所使用的基本仪器见表 2.14.1。

表 2.14.1　基本仪器

名　称	要求达到的指标	数量 / 台
双踪同步示波器	60 MHz	1
通信原理Ⅵ型实验箱		1
M6 信源模块		1
M8CPLD 模块		1
PC 机		1

【实验步骤】

接通 CPLD 模块的电源，下载光盘上 CPLD 下载目录下的"codec.pof"，详细下载步骤见附录 7。断开 CPLD 模块电源，按照表 2.14.2 连线，再一次接通数字信源模块和 CPLD 单元的电源，用示波器观察各种码型编译码的信号波形。

表 2.14.2　端口对应关系

源端口	目的端口
数字信源模块:NRZ – OUT	可编程逻辑单元:IO – 11
数字信源模块:BS – OUT	可编程逻辑单元:IO – 12
数字信源模块:CLK	可编程逻辑单元:GCLK1(IO – 83)

(1)示波器的 CH1 接在 CPLD 单元的 IO – 11 上，CH2 依次接在 IO – 79，IO – 74，IO – 73 上，依次观察 CMI，BHP 和 Miller 码，并总结出这三种码型与 NRZ 码的关系。注意，BHP 和 Miller 编码输出相对 NRZ 码输入有延迟，但不超过一个码元周期。

(2)示波器的 CH1 依次接在 CPLD 单元的 IO – 79，IO – 74，IO – 73 上，CH2 对应依次接在 IO – 63，IO – 81，IO – 76 上，依次观察 CMI，BHP 和 Miller 码与其解码输出之间的对应关系，并总结出这三种码型与 NRZ 码的关系。注意，译码输出相对编码输出有延迟，但不超过一个码元周期。

【实验思考题】

(1)设输入的 NRZ 码为 01001101001100110100010001010101，分别求出其对应的 CMI，BHP，Miller 码，并画出波形图。

(2)设输入的 CMI，BHP，Miller 码为 01001101001100110100010001010101，分别求出其对应的 NRZ 码，并画出波形图。

2.15　实验 15　数字多路数据单路传输实验

【实验目的】

(1)了解多路数据的串行化方法。

(2)了解多路数据的单路传输过程。

【实验内容】

(1)支路信号产生。

(2)信号复接。

(3)信号分接。

【实验原理】

实验原理图如图 2.15.1 所示,芯片内部结构图如图 2.15.2 所示。

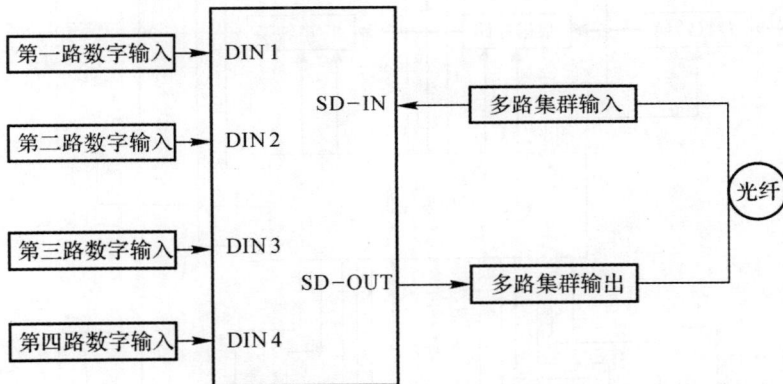

图 2.15.1　实验原理图

在实际多路数据单光纤传输系统中,对多路数据常用的集群方法有按位集群和按帧集群。不管采用哪种方法都是将输入的低速率的信号先进行数率转换,把所有输入的不同速率的低速率信号调整为同一速率的信号,然后再对调整后的信号进行集群。

在本实验系统中,所采用的集群方式为按帧集群,即将输入的串行数据按 8 位一帧的格式进行转换,转换后放入存储器中,再用高速率的时钟对数据进行读取,同时在读数据的时候还有一读使能信号来控制,以保证时隙的正确。在一帧里,共有十个时隙,其中第 0 个时隙为帧同步码(01110010),后九个时隙为可用时隙(插入数据),在实验系统中已用的为第 1 时隙和第 4 时隙,其余时隙为空时隙。系统中各端口的说明如下。

- CLK(IO-83):20.48 MHz 时钟输入口;
- DIN1(IO-16):第一路数据输入口;

- DIN2(IO-18):第二路数据输入口;
- DIN3(IO-19):第三路数据输入口;
- DIN4(IO-20):第四数据输入口;
- SD-OUT(IO-60):串行集群数据输出口:
- SD-IN(IO-25):串行集群数据输入口;
- DOUT1(IO-58):第一路数据输出;
- DOUT2(IO-57):第二路数据输出;
- DOUT3(IO-56):第三路数据输出;
- DOUT4(IO-54):第四路数据输出。

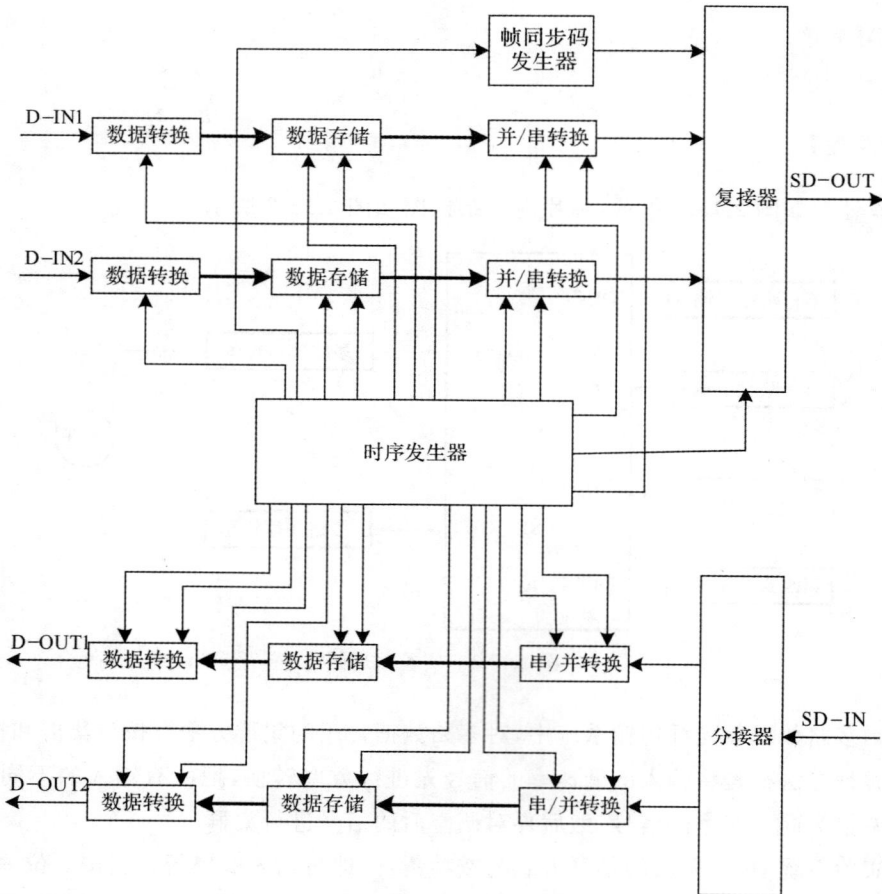

图 2.15.2 芯片内部结构图

本实验模块中,时分复用为透明传输,只要是 1 Mbit/s 以下的数字信号均可传输,到对方正确地接受传输数据。如果用户受条件的限制,数字输入可以把数字信号源的 NRZ,BS,FS 作为输入信号。

【实验仪器】

本实验所使用的基本仪器见表 2.15.1。

表 2.15.1　基本仪器

名　称	要求达到的指标	数量／台
双踪同步示波器	60 MHz	1
通信原理Ⅵ型实验箱		1
M6 信源模块		1
M8CPLD 模块		1

【实验步骤】

(1)接通 CPLD 模块的电源,下载光盘上 CPLD 下载目录下的"7128.pof",详细下载步骤见附录 7。

(2)关闭可编程逻辑器件单元电源,按照表 2.15.2 连线。

表 2.15.2　端口对应关系

源端口		目的端口	
数字信源单元	NRZ – OUT	CPLD 单元	DIN1(IO – 16)
数字信源单元	BS – OUT	CPLD 单元	DIN2(IO – 18)
数字信源单元	FS – OUT	CPLD 单元	DIN3(IO – 19)
实验箱	20.48 MHz	CPLD 单元	CLK(IO – 83)
CPLD 单元	SD – OUT(IO – 60)	CPLD 单元	SD – IN(IO – 25)

注意:此单元可以实现四路速率不超过 1 Mbit/s 的数字信号的多路时分复用,这里只用了三路。

(3)打开数字信源单元和 CPLD 单元的电源,用双踪示波器的两路探头分别对应观察 DIN1 和 DOUT1,DIN2 和 DOUT2,DIN2 和 DOUT2 的波形是否相同。

(4)断开 SD – OUT 和 SD – IN 之间的连接,再次观察 DIN1 和 DOUT1,DIN2 和 DOUT2,DIN2 和 DOUT2 的波形。

(5)(选做)选用四路速率不超过 1MHz 的单极性数字信号(TTL 或 CMOS 电平),同时接入 DIN1,DIN2,DIN3 和 DIN4,并观察 DOUT1,DOUT2,DOUT3 和 DOUT4,注意共地。

2.16　实验16　汉明码编译码实验

【实验目的】

(1)掌握汉明编/译码规则,理解汉明码之编/译码器的设计原理。

(2)掌握利用 CPLD 来制作汉明码的汉明码编/译码器的方法。

(3)比较并分析汉明码中校正子对错误更正的影响。

【实验内容】

(1)汉明码的编译码。

(2)汉明码的纠错功能。

(3)超出汉明码纠错的实验。

【实验原理】

在实际信道上传输数字信号时,由于信道传输特性不理想及加性噪声的影响,接收端所收到的数字信号不可避免地会发生错误,往往采用信道编码(即差错控制编码)来降低比特误码率以期满足系统指标要求。差错控制编码的基本思想是在发送端将被传输的信息附上一些监督码元,这些多余的码元与信息码元之间以某种确定的规则相互关联(约束)。接收端按照既定的规则校验信息码元与监督码元之间的关系,一旦传输发生差错,则信息码元与监督码元的关系就受到破坏,从而接收端可以发现错误乃至纠正错误。

本实验所介绍的是(7,4)汉明码,它是纠正所有单个错的高效率线性分组编码方式,汉明码只定义部分码元的排列组合为合法的码组,而其他的码组为非法码组。当接收端收到非法码组时,便知道有错误发生,而且汉明码会设法更正此错误。

(1)编码过程。

我们用 $a_6 a_5 a_4 a_3$ 表示编码输入信号位,用 $a_6 a_5 a_4 a_3 a_2 a_1 a_0$ 表示编码后的输出信号,其中 $a_2 a_1 a_0$ 表示监督位。用 $s_1 s_2 s_3$ 表示三个监督关系式中的校正子,则 $s_1 s_2 s_3$ 的值与错码位置的对应关系可以进行规定,见表 2.16.1。

表 2.16.1　校正子 $s_1 s_2 s_3$ 的值与错码位置的对应关系

$s_1 s_2 s_3$	错码位置	$s_1 s_2 s_3$	错码位置
001	a_0	101	a_4
010	a_1	110	a_5
100	a_2	111	a_6
011	a_3	000	无错

由表 2.16.1 可知,仅当一位错码位置在 a_6,a_5,a_4,a_2 时,校正子 $s_1=1$,否则 $s_1=0$,这意味

4 个码元构成偶数监督关系：

$$s_1 = a_6 + a_5 + a_4 + a_2 \qquad (1)$$

同理，a_6、a_5、a_3、a_1 构成偶数监督关系：

$$s_2 = a_6 + a_5 + a_3 + a_1 \qquad (2)$$

a_6，a_4，a_3，a_0 构成偶数监督关系：

$$s_3 = a_6 + a_4 + a_3 + a_0 \qquad (3)$$

$a_6 a_5 a_4 a_3$ 取决于输入信号，是随机的，而 $a_2 a_1 a_0$ 应根据信息位的取值按监督关系式决定，即应使 $s_1 s_2 s_3$ 为 0（表示无错）：

$$a_6 + a_5 + a_4 + a_2 = 0 \qquad (4)$$

$$a_6 + a_5 + a_3 + a_1 = 0 \qquad (5)$$

$$a_6 + a_4 + a_3 + a_0 = 0 \qquad (6)$$

因此解出监督位：

$$a_2 = a_6 + a_5 + a_4 \qquad (7)$$

$$a_1 = a_6 + a_5 + a_3 \qquad (8)$$

$$a_0 = a_6 + a_4 + a_3 \qquad (9)$$

给定信息位后，可以直接按式(7)(8)(9)算出监督位，结果见表 2.16.2。

表 2.16.2　汉明码编码规则

信息位	监督位	信息位	监督位
$a_6 a_5 a_4 a_3$	$a_2 a_1 a_0$	$a_6 a_5 a_4 a_3$	$a_2 a_1 a_0$
0000	000	1000	111
0001	011	1001	100
0010	101	1010	010
0011	110	1011	001
0100	110	1100	001
0101	101	1101	010
0110	011	1110	100
0111	000	1111	111

(2)解码过程。

接收端收到每一个码组后，先按式(1)、式(2)、式(3)计算出 s_1，s_2，s_3，如果 $s_1 s_2 s_3 = 000$，则直接输出 $a_6 a_5 a_4 a_3$，否则按表 2.16.1 判定错码情况。例如，若收到码组 $a_6 a_5 a_4 a_3 a_2 a_1 a_0 = 0000011$，按(1)、(2)、(3)式计算出 $s_1 = 0$，$s_2 = 1$，$s_3 = 1$ 由表 2.16.2 可知 a_3 有错，则接收端应收到的码 0000011 应为 0001011。

为了观察的方便，本实验采用并行输入输出的方式，可以用双踪示波器或逻辑笔或万用表中任何一种测量工具进行观察，原理框图如图 2.16.1 所示。输入信号 $a_6 a_5 a_4 a_3$ 分别由拨码开关 s1-1～s1-4 并行输入(注意：往上拨表示输入 0，往下拨表示输入 1)，由于输出信号高四位与输入信号对应，只引出监督位 $a_2 a_1 a_0$，分别与 IO-27，IO-28，IO-29 对应。为了验证其纠错功能,随机干扰加错的信号 $e_6 e_5 e_4 e_3 e_1 e_1$ 由 s2-1-s2-5,s1-5 输入(往下拨表示有干扰加错输入,往上拨表示没有干扰输入);解码(纠错)输出信号 $a_6\`a_5\`a_4\`a_3\`$由 IO-58,IO-57,IO-56,IO-55 输出,同时 IO-54,IO-30,IO-31 输出错误指示信号:无错 no_error、错一位 one_error、错多位 multi_error。如果没有错误,IO-54 输出高电平,IO-30,IO-31 输出低电平,IO-58~IO-55 输出正确的信号;如果错且错一位,IO-30 输出高电平,IO-54,IO-31 输出低电平,IO-58~IO-55 输出正确的信号;如果有多位错误,超出了汉明码纠错的能力,IO-31 输出高电平,IO-54,IO-30 输出低电平,IO-58~IO-55 输出低电平。

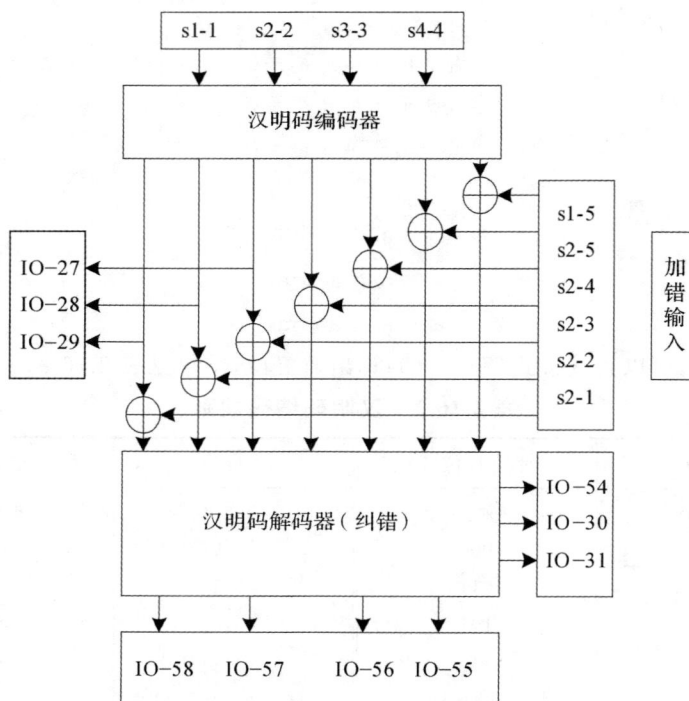

图 2.16.1　汉明码编译码原理框图

本模块有以下测试点及输入输出点。

- IO-29——监督位 a_0 输出点/测试点;
- IO-28——监督位 a_1 输出点/测试点;
- IO-27——监督位 a_2 输出点/测试点;
- IO-58——解码(纠错)a_6 输出点/测试点;
- IO-57——解码(纠错)a_5 输出点/测试点;
- IO-56——解码(纠错)a_4 输出点/测试点;
- IO-55——解码(纠错)a_3 输出点/测试点;
- IO-54——无错指示测试点;
- IO-30——错一位指示测试点;
- IO-31——错多位指示测试点。

【实验仪器】

本实验所使用的基本仪器见表 2.16.3。

表 2.16.3　基本仪器

名　称	要求达到的指标	数量／台
双踪同步示波器	60 MHz	1
通信原理Ⅵ型实验箱		1
M6 信源模块		1
M11 信道模块		1

【实验步骤】

(1)在信道模块的上方,接通 JTAG 接口线,接通信道模块中的＋5 V 电源,下载光盘上 CPLD 下载目录下的"hanming.pof",详细下载步骤见附录 7。

(2)验证汉明码的编译码规律。

$a_6 a_5 a_4 a_3$ 输入任意一组信号,即把拨码开关 s1－1～s1－4 拨成任意形式,比如 1100,观察监督位 $a_2 a_1 a_0$,即 IO－27,IO－28,IO－29 的电平。对照表 2.16.2,看是否正确。然后观察译码输出,即 IO－58,IO－57,IO－56,IO－55 信号,此时他们应分别与输入相同,同时观察 IO－54,IO－30,IO－31 输出信号。填写表 2.16.4,仔细领会其编译码规律。

表 2.16.4　编译码验证结果

输入信号 $a_6 a_5 a_4 a_3$	监督位 $a_2 a_1 a_0$	解码输出 $a_6` a_5` a_4` a_3`$	出错指示		
			no_error	one_error	multi_errors

(3)验证汉明码的纠错功能。

$a_6 a_5 a_4 a_3$ 输入任意一组信号,即把拨码开关 s1－1～s1－4 拨成任意形式,然后引入一位干扰加错信号,即把 s2－1～s2－5,s1－5 中的任意一个拨码开关往下拨,其余往上拨,观察监督位 $a_2 a_1 a_0$,即 IO－27,IO－28,IO－29 的电平,对照表 2.16.2,看是否正确。然后观察译码(纠错)输出,即 IO－58,IO－57,IO－56,IO－55 信号,此时它们应分别与输入相同,同时观察 IO－54,IO－30,IO－31 输出信号。填写表 2.16.5,仔细领会其纠错检错编码规律。

表 2.16.5　纠错检错编码验证结果

输入信号 $a_6 a_5 a_4 a_3$	监督位 $a_2 a_1 a_0$	加错输入 $e_6 e_5 e_4 e_3 e_1 e_1$	解码输出 $a_6` a_5` a_4` a_3`$	出错指示		
				no_error	one_error	multi_errors

(4)超出汉明码纠错能力的实验。

$a_6 a_5 a_4 a_3$ 输入任意一组信号,即把拨码开关 s1-1~s1-4 拨成任意形式,然后引入多于一位干扰加错信号,即把 s2-1~s2-5,s1-5 中的任意两个拨码开关往下拨,其余往上拨,观察监督位 $a_2 a_1 a_0$,即 IO-27,IO-28,IO-29 的电平,然后观察译码(纠错)输出,即 IO-58,IO-57,IO-56,IO-55 信号,由于超出汉明码纠错能力,它们输出都为低电平,同时观察 IO-54,IO-30,IO-31 输出信号,填写表 2.16.6。

表 2.16.6　超出证明码纠错能力验证结果

输入信号 $a_6 a_5 a_4 a_3$	监督位 $a_2 a_1 a_0$	加错输入 $e_6 e_5 e_4 e_3 e_1$	解码输出 $a_6\grave{}a_5\grave{}a_4\grave{}a_3\grave{}$	出错指示		
				no_error	one_error	multi_errors

【实验思考题】

(1)试画出汉明码编/解码器电路图。

(2)利用 VHDL 语言实现汉明码编/解码器。

(3)在实验中注意各个模块之间共地的连接。

2.17　实验 17　噪声及其对通信系统的干扰实验

【实验目的】

(1)理解噪声的特点与性质。

(2)掌握噪声的产生方法。

(3)理解噪声对通信系统性能的影响。

【实验内容】

(1)测量伪随机码并总结其特性。

(2)测量带限噪声源的波形。

(3)观察噪声对通信系统的干扰。

【实验原理】

1.噪声

噪声通常定义为信号中的无用成分。噪声可以表现为收音机远离发射台时发出的杂音,电视屏幕上的雪花点,或是引起模/数转换器转换错误的信号等等,它也可表现为一个量化的结果。

信道中加性噪声的来源,一般可以分为 3 方面:①人为噪声,来源于无关的其他信号源,例如:外台信号、开关接触噪声和工业的点火辐射等;②自然噪声,指自然界存在的各种电磁波源,例如:闪电、雷击、大气中的电暴和各种宇宙噪声等;③内部噪声,是系统设备本身产生的各种噪声,例如:电阻中自由电子的热运动和半导体中载流子的起伏变化等。某些类型的噪声是确知的,虽然消除这些噪声不一定很容易,但至少在原理上可消除或基本消除;另一些噪声则往往不能准确预测其波形,这种不能预测的噪声统称为随机噪声。我们关心的只是随机噪声。常见的随机噪声可分为 3 类:①单频噪声,②脉冲噪声,③起伏噪声。其中单频噪声不是所有的通信系统中都有的而且也比较容易防;脉冲噪声由于具有较长的安静期,故对通信系统的影响不大,当出现脉冲噪声而引起的较多误码时,只好认为这一段时间内的通信失败;起伏噪声既不能避免,且始终存在;因此,一般来说,它是影响通信质量的主要因素之一。

实验中随机噪声的产生方法很多,最常用的是将齐纳二极管进行临界反向偏置,使流经二极管的反向电流具有很微弱的波动性,将该信号进行宽带放大处理,即可获得所需的白噪声信号;另一个是采用伪随机码信号产生。

消除噪声的方法通常有:①良好的旁路;②铁氧体磁珠;③在不衰减有用信号的前提下,尽量增多 0.1 μF 电容;④添加滤波措施等等。

加性高斯白噪声的特点主要是以下几方面:一是其功率谱在各频点的均匀性,二是幅度上分布服从高斯分布。由于周期性的 m 序列的谱特性具有白噪声特性,本模块中噪声的实现就是利用这一性质产生高性能的噪声源。但是一般 m 序列由于状态数有限,产生的信号的随机性不强,且分布一般不为高斯分布。为了产生所需要的噪声,具体方法为:首先通过可编程逻辑器件 CPLD 产生周期为 $2^{20}-1$ 的长 m 序列,采用高速驱动时钟 4.433 MHz,使产生的噪声谱很宽,然后把 m 序列通过噪声形成电路和隔离放大电路,截取其频带的一部分得到噪声信号,输出的噪声通过噪声大小控制电路,通过可调电阻 R_{53} 来改变其强度,其原理框图如图2.17.1所示。

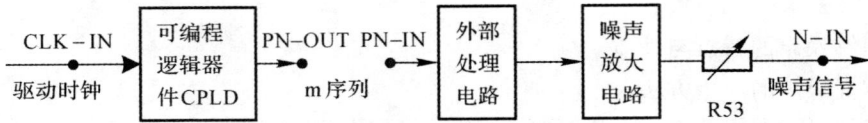

图 2.17.1 噪声原理框图

2.噪声对通信系统的干扰

通信系统的主要目的是传输信息,但是由于信道中的噪声影响,信号的传输的可靠性受到了影响。在通信信道中的最常见的是加性高斯白噪声,观察它对通信系统的干扰可用如下框图表示。

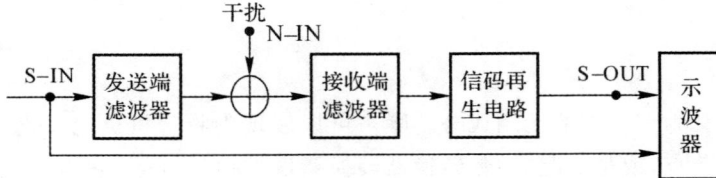

图 2.17.2 噪声对通信系统的干扰

本模块有以下测试点及输入输出点。

- CLK - IN——CPLD 驱动时钟输入点/测试点;
- PN - OUT——PN 序列输出点/测试点;
- PN - IN——PN 序列输入点/测试点;
- S - IN——信号输入点/测试点;
- S - OUT——信号输出点/测试点;
- N - IN——噪声信号输出点/测试点。

【实验仪器】

本实验所使用的基本仪器见表 2.17.1。

表 2.17.1 基本仪器

名　称	要求达到的指标	数量／台
双踪同步示波器	60 MHz	1
通信原理Ⅵ型实验箱		1
M6 信源模块		1
M11 信道模块		1
频谱仪(选用)		1

【实验步骤】

(1)在信道模块的上方,接通 JTAG 接口线,接通信道模块中的＋5 V 电源,下载光盘上 CPLD 下载目录下的"PN.pof",详细下载步骤见附录 7。断开信道模块中的＋5 V 电源,按照表 2.17.2 连线。

表 2.17.2　端口对应关系(一)

源端口	目的端口
1.数字信源单元:CLK	信道模块:CLK－IN
2.信道模块:PN－OUT	信道模块:PN－IN

(2)接通信道模块中的＋5 V,＋12 V,－12 V 电源,测量伪随机码 PN－OUT 的波形,用频谱仪测量 PN－OUT 的伪码噪声谱,总结伪随机码特性。

(3)测量限带噪声源 N－IN 的波形,然后用频谱仪测量 PN－OUT 的噪声谱,总结噪声的特点与性质。

(4)观察噪声对通信系统的干扰,按下表连线。把数字信源单元的 K1,K2,K3 产生任意代码,调节可调电位器 R53 减少 R53,用示波器观察 N－IN,使输出的噪声信号为零,用示波器的任意一个通道观察 S－IN 信号,另一个通道观察 S－OUT 信号,此时示波器的两个通道波形一致(有一点延时);慢慢增大 R53,直到示波器的两个通道波形不一致,接收端出现明显的误码现象,用示波器观察此时 N－IN 信号。

表 2.17.3　端口对应关系(二)

源端口	目的端口
数字信源单元:NRZ－OUT	信道模块:S－IN

【实验思考题】

(1)掌握用 CPLD 产生 PN 序列的方法。

(2)理解噪声对通信系统的影响。

(3)实验中注意各个模块之间共地的连接。

2.18 实验 18 眼图测量实验

【实验目的】

(1)理解眼图的定义及模型。

(2)掌握通信系统性能的简单测试方法。

【实验内容】

(1)观察测试眼图。

(2)观察噪声的大小对眼图的影响。

(3)测量并记录眼图的各项参数。

【基本原理】

为了衡量基带传输系统的性能优劣,除了用专门精密仪器进行测试和调整外,大量的维护工作希望用简单的方法和通用仪器也能宏观监测系统的性能,在实验室中,通常用示波器观察接收信号波形的方法来分析码间串扰和噪声对系统性能的影响,这就是眼图分析法。

1. 眼图的定义

眼图是利用实验的方法估计和改善(通过调整)传输系统性能时在示波器上观察到的一种图形。观察眼图的方法是:用一个示波器跨接在接收滤波器的输出端,然后调整示波器扫描周期,使示波器水平扫描周期与接收码元的周期同步,这时示波器屏幕上看到的图形像人的眼睛,故称为"眼图"。从"眼图"上可以观察出码间串扰和噪声的影响,从而估计系统优劣程度。另外也可以用此图形对接收滤波器的特性加以调整,以减小码间串扰和改善系统的传输性能。

2. 眼图形成原理及模型

(1)无噪声时的眼图。

为解释眼图和系统性能之间的关系,图 2.18.1 给出了无噪声情况下无码间串扰和有码间串扰的眼图。图 2.18.1(a)所示是无码间串扰的双极性基带脉冲序列,用示波器观察它,并将水平扫描周期调到与码元周期 T_b 一致,由于荧光屏的余辉作用,扫描线所得的每一个码元波形将重叠在一起,形成如图 2.18.1(c)所示的线迹细而清晰的大"眼睛";对于图 2.18.1(b)所示有码间串扰的双极性基带脉冲序列,由于存在码间串扰,此波形已经失真,当用示波器观察时,示波器的扫描迹线不会完全重合,于是形成的眼图线迹杂乱且不清晰,"眼睛"张开得较小,且眼图不端正,如图 2.18.1(d)所示。

对比图 2.18.1(c)和图 2.18.1(d)可知,眼图中"眼睛"张开的大小反映着码间串扰的强弱。"眼睛"张开得越大,且眼图越端正,表示码间串扰越小;反之表示码间串扰越大。

(2)存在噪声时的眼图。

当存在噪声时,噪声将叠加在信号上,观察到的眼图的线迹会变得模糊不清。若同时存在码间串扰,"眼睛"将张开得更小。与无码间串扰时的眼图相比,原来清晰端正的细线变成了比较模糊的带状线,而且不很端正。噪声越大,线迹越宽,越模糊;码间串扰越大,眼图越不端正。

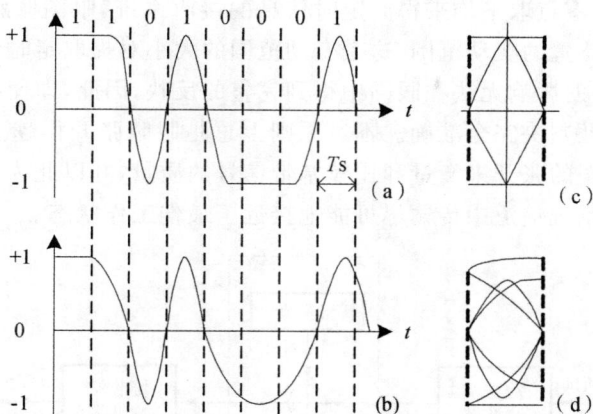

图 2.18.1 基带信号波形及眼图

(3)眼图的模型。

眼图对于展示数字信号传输系统的性能提供了很多有用的信息:可以从中看出码间串扰的大小和噪声的强弱,有助于直观地了解码间串扰和噪声的影响,评价一个基带系统的性能优劣;可以指示接收滤波器的调整,以减小码间串扰。为了说明眼图和系统性能的关系,可以把眼图简化为如图 2.18.2 所示的模型。

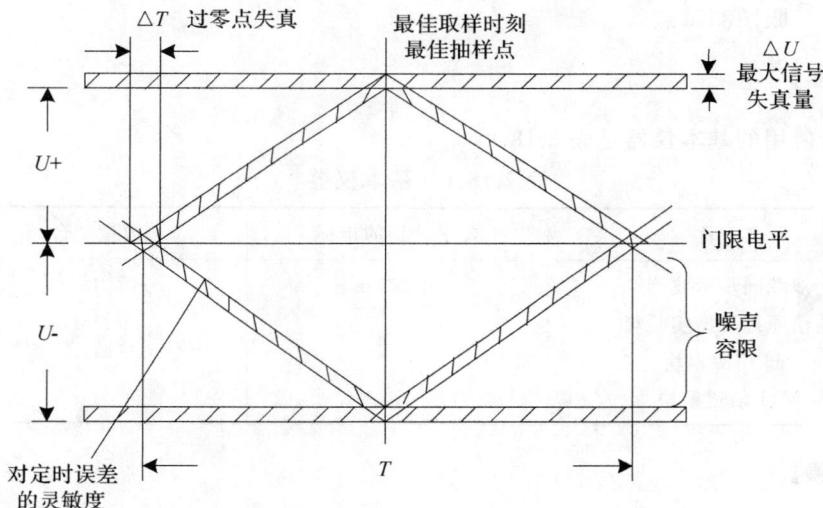

图 2.18.2 眼图的模型

该图表明的意义如下。

1)最佳抽样时刻应在"眼睛"张开最大的时刻。

2)对定时误差的灵敏度可由眼图斜边的斜率决定。斜率越大,对定时误差就越灵敏。

3)在抽样时刻上,眼图上、下两分支阴影区的垂直高度,表示最大信号畸变。

4)眼图中央的横轴位置应对应判决门限电平。

5)在抽样时刻上,上、下两分支离门限最近的一根线迹至门限的距离表示各相应电平的噪声容限,噪声瞬时值超过它就可能发生错误判决。

6)对于利用信号过零点取平均来得到定时信息的接收系统,眼图倾斜分支与横轴相交的区域的大小,表示零点位置的变动范围,这个变动范围的大小对提取定时信息有重要的影响。

由于噪声瞬时电平的影响无法在眼图中得到完整的反映,因此,即使在示波器上显示的眼图是张开的,也不能保证判决完全准确。不过原则上总是眼睛张开得越大,实际判决越准确。因此,还是可以通过眼图的张开来衡量和比较基带信号的质量,并以此为依据来调节信道的传输特性,使信号在通信系统信道中传输尽可能地接近于最佳工作状态。

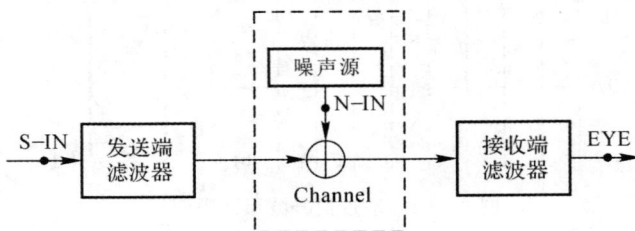

图 2.18.3　眼图原理方框图

3. 眼图原理方框图

本模块有以下测试点及输入输出点。

- S－IN——信号输入点/测试点;
- N－IN——噪声输出点/测试点;
- EYE——眼图测试点。

【实验仪器】

本实验所使用的基本仪器见表 2.18.1。

表 2.18.1　基本仪器

名　称	要求达到的指标	数量/台
双踪同步示波器	60 MHz	1
通信原理Ⅵ型实验箱		1
M6 信源模块		1
M11 信道模块		1

【实验步骤】

(1)在信道模块的上方,接通 JTAG 接口线,接通信道模块中的＋5 V 电源,注意各个模块之间共地的连接。下载光盘上 CPLD 下载目录下的"EYE.pof",详细下载步骤见附录7。断开＋5 V 电源,按照表 2.18.2 连线。

表 2.18.2　端口对应关系

源端口	目的端口
1.数字信源单元:NRZ－OUT	信道模块:S－IN
2.信道模块:PN－OUT	信道模块:PN－IN
3.数字信源单元:CLK	信道模块:CLK－IN

（2）打开数字信源单元的电源开关，接通信道模块中的 +5 V，+12 V，−12 V 电源，把数字信源单元的 K1，K2，K3 产生任意代码，例如 10110010，10101001，01110010。用示波器的一个通道观察 N-IN 的噪声信号，将示波器的另一个通道接在接收滤波器的输出端：EYE，以码元定时 BS-OUT（在信源模块）作为示波器的外同步信号，调节可调电位器 R53，观察这时示波器屏幕上看到的图形——眼图，注意观察噪声的大小对眼图的影响，并记录。

【实验思考题】

（1）根据实验结果，记录并绘出眼图的波形图，并说明眼图的各项参数。

（2）一随机二进制序列为 10110001…，符号"1"对应的基带波形为 $g_1(t)$，"0"对应的基带波形为 $g_2(t)$，$g_2(t) = -g_1(t) = g(t)$，$g(t)$ 为升余弦波形，持续时间为 T_s。

1）当示波器扫描周期为 $T_0 = T_s$ 时，试画出眼图。

2）若升余弦波持续时间为 $2T_s$，$T_0 = T_s$，再画眼图。

（3）为什么利用眼图能大致估算接收系统性能的好坏程度？

附　　录

附录 1　常用仪器使用方法

在开始实验之前,需要对实验中常用仪器的性能作用以及正确的使用方法作基本了解,以便学生能够在实验进行中正确地掌握、使用这些设备。

附 1.1　Agilent 54621D 混合信号示波器

Agilent 54621D 混合信号示波器采用 2+16 通道,即 2 个模拟通道和 16 位数字通道,它组合了示波器多通道定时测量能力。

附 1.1.1　Agilent 54621D 混合信号示波器旋钮和开关功能

Agilent 54621D 前板按键及功能示意图如附图 1.1 所示。

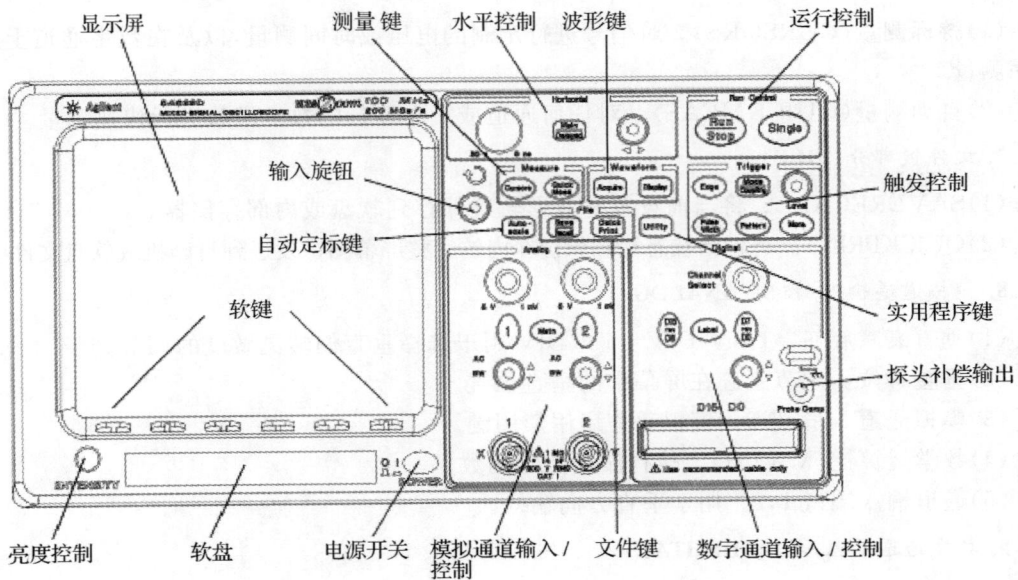

附图 1.1　Agilent 54621D 前板按键及功能示意图

1. 电源系统

(1)电源开关(POWER)。按键弹出即为"关"位置,按下为"开"位置。

(2)亮度旋钮(INTENSITY)。顺时针方向旋转,亮度增强。

2. 水平控制(HORIZONTAL)

(1)水平扫描速度旋钮。在 5 ns/DIV～50 s/DIV 范围选择扫描速率。

(2)水平移位旋钮。用于调节轨迹在水平方向移动。

(3)延迟扫描键(MAIN/DELAYED)。进一步分析主扫描波形。

3. 运行控制(RUNCONTROL)

(1)连续采集停止键(RUN/STOP)。对同一信号多次采集观察。

(2)单次采集键(SINGLE)。观察单次事件,使显示不会被后继的波形数据覆盖。

4. 触发控制(TRIGGER)

(1)选择模式和耦合菜单(MODE/COUPLING)。可设置触发模式、触发耦合、噪声和高频抑制、触发释抑。

(2)边沿触发(EDGE)。通过在波形上查找指定斜率和电压电平识别触发条件。

(3)脉冲宽度触发(PULSEWIDTH)。把示波器设置为对指定宽度的正脉冲或负脉冲触发。

(4)码型触发(PATTERN)。通过查找指定码型识别触发条件。

(5)高级触发(MORE)。

5. 波形键部分(WAVEFORM)

(1)采集数据(ACQUIRE)。如平均噪声、查找毛刺和尖峰信号等。

(2)显示(DISPLAY)。如调整网格亮度、无限余辉等。

6. 测量键部分(MEASURE)

(1)游标测量(CURSORS)。对信号进行定制的电压或时间测量,以及在数字通道上进行时序测量。

(2)自动测量(QUICKMEAS)。对任何通道或正在运行的数学函数进行快速测量。

7. 文件键部分(FILE)

(1)SAVERECALL。将当前设置和波形轨迹保存到软盘或内部存储器。

(2)QUICKPRINT。将包括状态行和软键在内的完整屏幕图像发送到打印机或软盘文件中。

8. 模拟通道输入/控制(ANALOG)

(1)垂直衰减旋钮。1 mv/DIV～5 v/DIV用于选择垂直偏转灵敏度的调节。

(2)垂直移位。调节光迹在屏幕中的垂直位置。

(3)模拟通道1,按键2。模拟通道启用禁用键。

(4)数学运算键(MATH)。执行波形数学函数。

(5)通道输入端口1,2。用于垂直方向输入。

9. 数字通道输入/控制(DIGITAL)

(1)数字通道选择旋钮(CHANNELSELECT)。选择单个数字通道。

(2)D15ThruD8。打开或关闭D15～D8数字通道显示。

(3)D7ThruD0。打开或关闭D7～D0数字通道显示。

(4)LABEL。打开模拟和数字通道的显示标签。

(5)垂直移位。调节光迹在屏幕中的垂直位置。

(6)探头补偿输出(PROBECOMP)。用于测量示波器探头的工作性能,与示波器相匹配。

(7)接地柱⊥。接地端。

(8)D15～D0。数字通道输入端。

10. 其他

(1)软盘。保存和调用波形数据。

(2)输入旋钮。如网格亮度控制、项目选择和改变数据等。

(3)自动定标键(AUTOSCALE)。分析任何连接于外部触发和通道输入的波形,从而自动配置示波器,以便更好地显示输入信号。

(4)实用程序键(UTILITY)。设置示波器的内部条件。

(5)软键。菜单执行按键。

附 1.1.2　Agilent 54621D 混合信号示波器的基本操作方法

1.接通示波器电源

(1)电源线一端接到示波器的后面板,另一端接到适合的交流电源上。

注:示波器电源可以在 100～240 V AC 电压范围内自动调整,无需调整输入电源电压。

(2)按下电源开关。前面板上一些键的指示灯将逐步变亮,大约 5 s 后示波器可以正常工作。

2.调整波形亮度

亮度控制旋钮在前面板左下角,如附图 1.2 所示。

逆时针旋转亮度控制旋钮降低波形亮度;顺时针旋转亮度控制旋钮增加波形亮度。

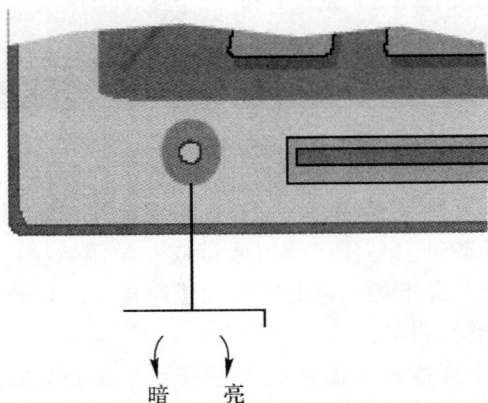

附图 1.2　Agilent54621D 亮度控制旋钮

调整屏幕上网格的亮度首先按 Display 显示键,然后旋转亮度控制旋钮,调整 Grid 网格亮度。

3.补偿模拟探头

对模拟探头进行补偿是为了使其特性与示波器相匹配,因为补偿不好的探头可能导致测量误差。要进行探头补偿需按下列操作步骤执行:

(1)将探头从通道 1 连接到前面板上右下角的 Probe Comp 探头补偿信号。

(2)按下 Autoscale 自动定标。

(3)使用一个非金属工具调整探头上的微调电容器以获取最平坦脉冲,如附图 1.3 所示。

附 1.1.3　Agilent 54621D 混合信号示波器的测量操作方法

1.模拟通道测量

方法 1:进行游标测量。

（1）把信号接到示波器，得到稳定的显示。

（2）首先按下 Cursors 键，然后按下 Mode 软键。

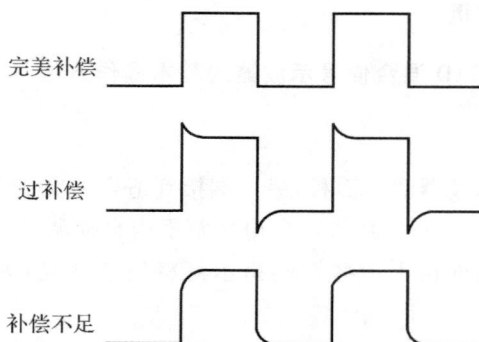

附图 1.3　模拟探头进行补偿图

在该软键上显示 X 和 Y 游标信息，3 种游标模式分别是：△X、1/△X 和 △Y 值。△X 是 X1 和 X2 游标间的差，△Y 是 Y1 和 Y2 游标间的差。

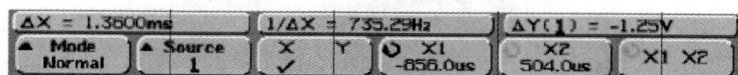

附图 1.4　游标测量窗口图

（3）按下 Source 软键，选择 Y 游标在上面标明测量结果的模拟通道或数学源。

Normal 游标模式中的源可以是任何模拟通道或数学函数源。如果您选择二进制或十六进制模式，由于您正显示所有通道的二进制或十六进制电平，Source 软键被禁用。

（4）选择 X 和 Y 软键进行测量。

按下 XY 软键选择用于调整的 X 游标或 Y 游标。当前分配给输入旋钮的游标，其显示比其他游标亮。X 游标是进行水平调整的垂直虚线，通常指示相对于触发点的时间。Y 游标是进行垂直调整的水平虚线，通常为 Volts 或 Amps，这取决于通道 Probe Units 设置。当把数学函数作为源使用时，测量单位对应于该数学函数。

X1 游标垂直短虚线和 X2 游标垂直长虚线用来进行水平调整，指示除 FFT 数学函数指示频率外所有源相对于触发点的时间。在 XY 水平模式中，X 游标显示通道 1 的数值 Volts 或 Amps。对于所选的波形源，游标值在 X1 和 X2 软键中显示。

X1 和 X2 之差（△X）和 1/△X 显示在该软键上面的专用行中，在选择某些菜单时，它也在显示区中示出。

当选择了 X1 和 X2 软键时，旋转输入旋钮可对其进行调节。

Y1 和 Y2 操作同 X1 和 X2。

方法 2：进行自动测量。

（1）按下 Quick Meas 键显示自动测量菜单，如附图 1.5 所示。

（2）按下 Source 软键选择要进行快捷测量的通道或运行数学函数。

只有显示的通道或数学函数能用于测量。如果您选择了无效的源通道进行测量，测量将默认至列表中使源有效的最近的通道。

（3）按下 Clear Meas 软键停止测量,从该软键上方显示行中擦除测量结果。

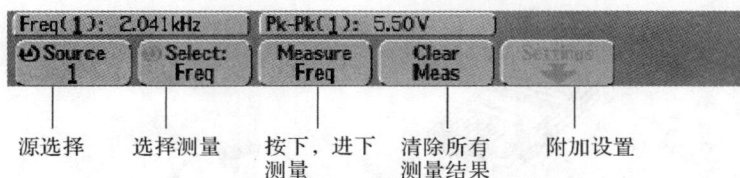

源选择　　选择测量　　按下,进下　　清除所有　　附加设置
　　　　　　　　　　　　　　测量　　　测量结果

附图 1.5　自动测量窗口图

当再次按下 Quick Meas 时,默认的测量是频率和峰峰值。

（4）按下 Select 软键然后旋转输入旋钮选择要进行的测量参数。

（5）在某些测量中可以使用 Settings 软键进行其他测量设置。

（6）按下 Measure 软键进行测量。

（7）要关闭 Quick Meas,再次按下 Quick Meas 键至该键不再被点亮。

2. 使用数字探头实验

（1）切断被测电路的电源。切断被测电路电源,只是为了防止在连接探头时因不小心把两条线短路而造成电路损坏。由于探头上没有电压,因此也可将示波器电源保持接通状态,如附图 1.6 所示。

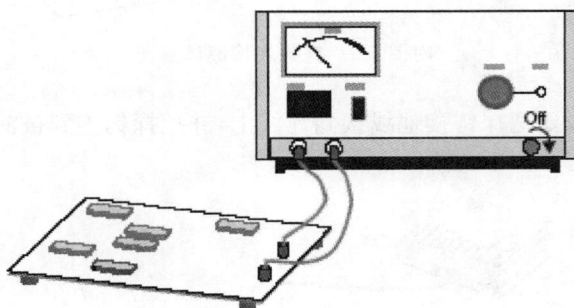

附图 1.6　测试设备电源连接电路图

（2）把数字探头电缆接到混合信号示波器前面板的 D15~D0 连接器,如附图 1.7 所示。数字探头电缆带有标识,因此只能以一个方向连接。在连接电缆时,不必切断示波器电源。

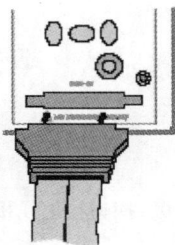

附图 1.7　数字探头连接图

（3）把探钩连到一条探头线上，确保连接地线，如附图 1.8 所示。

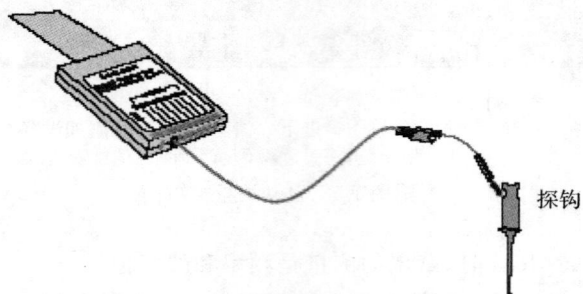

附图 1.8　探钩连接图

（4）把探钩接到您要测试的电路结点上，如附图 1.9 所示。

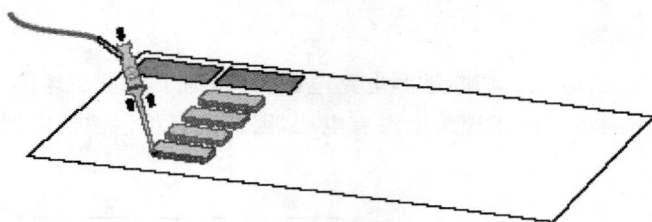

附图 1.9　探钩连接测试点图

（5）对于高速信号，要把探钩接地线接到地线上，并把探钩连到被测电路的接地端，如附图 1.10 所示。

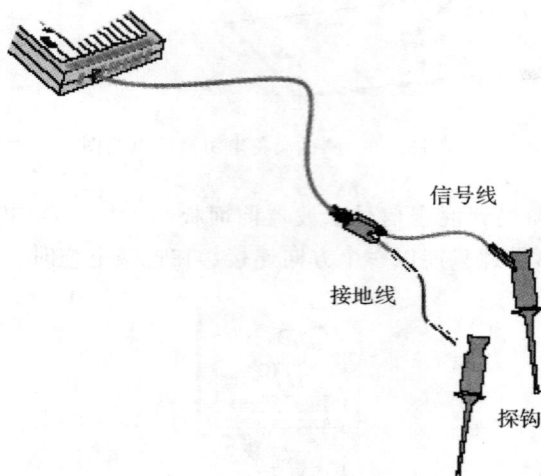

附图 1.10　探钩接地线接入图

（6）用探钩接地线连接各组通道的接地线。地线可提高仪器输入信号的保真度，确保获得准确的测量结果。

(7)如果您要从电缆中取出探头线,可将回形针或其他小型针状物件插入电缆组件的一侧,然后按下以松开弹片并拔出探头线,如附图 1.12 所示。

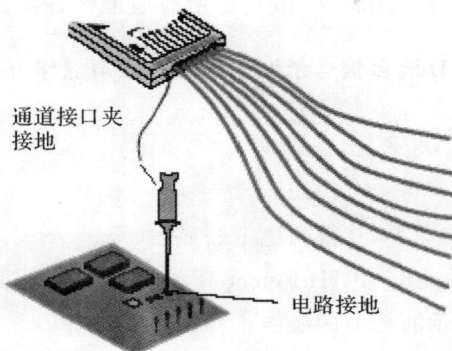

附图 1.11　探钩接地线接入电路图

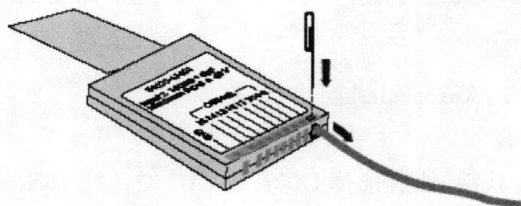

附图 1.12　取出探头线

3. 连接打印机的方法,将示波器复位至工厂默认设置实验

(1)连接打印机。

示波器通过后面板上的并行输出连接器与打印机相连。连接打印机需要一条并行打印机电缆。

1)把 25 针小 D 型连接器接到示波器后面板上的并行输出连接器上。拧紧电缆连接器上的指旋螺钉,以保证电缆的可靠连接。

2)把 36 针大 D 型连接器接到打印机上。

3)在示波器上设置打印机配置。

- 按 Utility 实用程序键,然后按 Print Confg 打印配置软键。
- 按 Printto 软键,将接口设置为 Parallel 并行。
- 按 Format 格式软键,从列表中选择打印机格式。

(2)将示波器复位至工厂默认设置。

1)按下 Utility 键,然后按下 Options 软键。

按下 Default Library 默认库软键将从库中删除所有用户定义的标签,并把标签设置为工厂默认标签。用户定义标签一旦删除,就不能恢复。

2)按下 Default Library 软键。

这将从库中删除所有用户定义标签,并把库中的标签返回工厂默认设置。但并不把当前通道的分配标签波形区出现的标签返回默认值。

Save/Recall 菜单中选择 Default Setup 将把所有通道标签设置恢复为默认标签。

附 1.1.4　Agilent 54621D 混合信号示波器的消除噪声操作方法

1. 减小信号上的随机噪声实验

实验步骤如下:

(1)把正弦信号接到示波器上,并得到稳定的显示。

(2)通过开启 Mode/Coupling 中 HFReject 高频抑制或噪声抑制,消除来自触发通路的噪声。或者用平均化来减小显示波形上的噪声。

按下 Acquire 键,然后按下 Averaging 平均化软键,平均化模式使您能平均化多次触发,以减小噪声并提高分辨率。对多次触发的平均化需要有稳定的触发。所平均化的触发数显示在 ♯ Avgs 软键中。旋转输入旋钮设置平均数,它能很好地消除显示波形中的噪声。

2. 触发耦合实验

(1)接入正弦信号,按下 Autoscale 键。

1)按下 Mode/Coupling 键。

2)按下 Coupling 耦合软键,然后选择 DC 直流、AC 交流或 LFReject 低频抑制耦合。

• DC 耦合允许 DC 和 AC 信号进入触发通路。

• AC 耦合将高通滤波器放入触发通路,以从触发波形中去除任何 DC 偏置电压。如果波形带有较大 DC 偏置,使用 AC 耦合可得到稳定的边沿触发。

• LFReject 耦合把一个 50 kHz 高通滤波器与触发波形串联。低频抑制能去除触发波形中任何不需要的低频成分,比如会干扰正确触发的电源线路频率。如果波形带有低频噪声,使用这种耦合可得到稳定的边沿触发。

• TV 耦合通常显示为灰色,但当在触发 More 更多菜单中启用了 TV 触发时将被自动选定。

(2)选择噪声抑制和高频抑制。

1)按下 Mode/Coupling 键。

2)按下 NoiseRej 噪声抑制软键选择噪声抑制,或按下 HFReject 高频抑制软键选择高频抑制。

• NoiseRej 为触发电路额外增加了时滞。当噪声抑制开启时,触发电路对噪声灵敏度会降低,可能需要更大幅度的波形来触发示波器。

• HFReject 在触发通路中添加一个 50 kHz 低通滤波器,以去除触发波形中的高频成分,可用高频抑制去除触发通路中的高频噪声,比如来自 AM 或 FM 广播电台或过快的系统时钟的噪声。

执行上述操作,看正弦信号有什么变化。

附 1.2　Agilent 33220A 任意波形发生器

附 1.2.1　Agilent 33220A 任意波形发生器面板使用说明

Agilent 33220A 前板图如附图 1.13 所示。各部分功能说明如下。

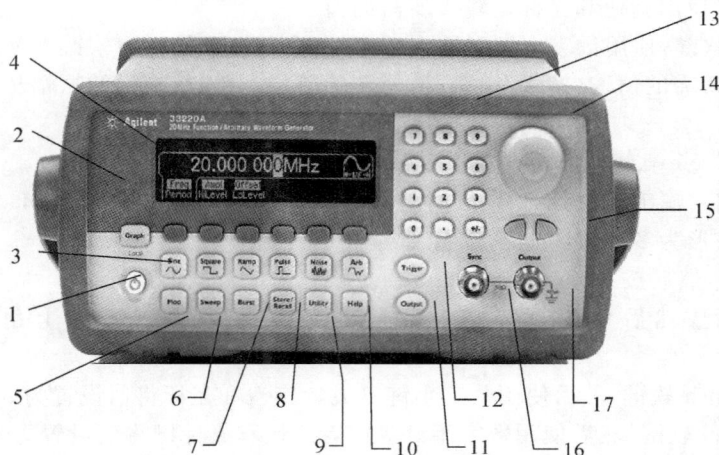

附图 1.13　Agilent33220A 前板图

(1)电源开关。开启／关闭任意波形发生器。

(2)图形模式／本地键(GRAPH)。显示波形的图形化表示。

(3)波形选择键部分。可设置包括正弦,方形,斜坡或任意波形。

(4)菜单操作软件。菜单执行按键。

(5)调制模式(MOD)。可使用 AM,FM,PM 或 FSK 来调制正弦波、方波、斜坡或任意波形。它还可使用 PWM 来调制脉冲。噪声和 DC 不能被调制。

(6)扫描模式(SWEEP)。在指定的扫描时间内从起始频率到停止频率而变化输出。可使用正弦、方形、斜坡或任意波形产生扫描(不允许脉冲、噪声和 DC)。

(7)脉冲串模式(BURST)。配置脉冲串的参数。输出具有指定循环数的波形,可用正弦波、方波、锯齿波、脉冲或任意波形生成脉冲串(噪声只适用于"门控"脉冲串模式,不能使用DC)。

(8)状态存储器菜单键。存储和调用仪器状态。

(9)实用程序键(UTILITY)。配置系统相关参数。

(10)帮助菜单键(HELP)。查看帮助主题列表。

(11)输出启用／禁用键(OUTPUT)。

(12)手动触发键(TRIGGER)。仅用于扫描和脉冲串。

(13)数字小键盘。输入数值。

(14)旋钮。旋转旋钮改变数字(顺时针旋转数值增大)。

(15)光标键。向左向右移动光标。

(16)同步连接器(SYNC)。

(17)输出连接器(OUTPUT)。

附 1.2.2　Agilent 33220A 任意波形发生器的基本操作方法

（1）方波设置。输出一个频率为 1.2 kHz，振幅为 200 mV，占空比为 30％的方波。

1）按 Squre 键，然后按 Freq 软键。使用数字小键盘，输入 1.2，按对应所需单位的软键 kHz。

注意：也可以使用旋钮和光标键输入所需的值。

2）按 Ampl 软键，使用数字小键盘输入 200，按对应所需单位的软键 mV。也可以使用旋钮和光标键输入所需的值。（按＋／－键，选择新的单位，可以将显示的振幅从一个单位转换到另一个单位。）

3）按 Duty Cycle 软键，输入所需的占空比。

（2）AM 调制。输出一个具有 80％调制深度的 AM 波形。载波为 5 kHz、振幅为 5 V 的正弦波，而调制波形为 200 Hz 的正弦波。

1）按 Sine 键，然后按 Freq，Ampl 和 Offset 软键来配置载波波形。

2）按 Mod 键，然后使用 Type 软键选择 AM。在显示屏的左上角显示状态消息"AMby Sine"。

3）按 AMDepth 软键，然后使用数字小键盘或者旋钮和光标将值设置为 80％。

4）按 AMFreq 软键，然后使用数字小键盘或者旋钮和光标键将值设置为 200 Hz。

5）按 Shape 软键选择调制波形 Sine，然后启用 Output 键输出。也可按 Graph 键，查看波形参数，要关闭图形模式，再按 Graph 键。

（3）FSK 调制。将载波频率设置为 3 kHz、振幅为 5 V，跳跃频率设置为 500 Hz，FSK 速率为 100 Hz。

1）按 Sine 键，然后按 Freq，Ampl 和 Offset 软键来配置载波波形。

2）按 Mod 键，然后使用 Type 软键选择 FSK。在显示屏的左上角显示状态消息"FSK"。

3）按 Hop Freq 软键，然后使用数字小键盘或者旋钮和光标键将值设置为 500 Hz。

4）按 FSKRate 软键，然后使用数字小键盘或者旋钮和光标键将值设置为 100 Hz。可按 Graph 键，查看波形参数。

（4）输出频率扫描。将输出一个振幅为 5 V、从 50 Hz 到 5 kHz 的扫描正弦波。

1）选择一个振幅为 5V 的正弦波。

2）按 Sweep，然后验证当前是否已选定线性扫描模式。在屏幕的的左上角显示状态消息"Linear Sweep"。

3）按 Start 软键，然后使用数字小键盘或者旋钮和光标键将值设置为 50 Hz。

4）按 Stop 软键，然后使用数字小键盘或者旋钮和光标键将值设置为 5 kHz。

5）按 Graph 键，查看波形参数。

（5）输出脉冲串波形。输出一个五循环的正弦波，脉冲串周期为 20 ms。

1）选择一个正弦波。

2）按 Burst，然后验证当前是否选定了"NCycle"模式。在屏幕的的左上角显示状态消息"NCycle Burst"。

3）按 ♯Cycle 软键，然后使用数字小键盘或者旋钮和光标键将值设置为 5。

4）按 Burst Period 软键，然后使用数字小键盘或者旋钮和光标键将周期设置为 20 ms。

5）按 Graph 键，查看波形参数。

附录 2　CVSD 编译码芯片——MC3418 介绍

1. 简要说明

MC3418 是 MOTOROLA 公司生产的一种简单数字语音编码/解码集成芯片。它有两种工作状态,在引脚 15 处于"1"时,完成编码功能;处于"0"时,实现解码功能。MC3418 的内部结构和引脚功能如附图 2.1 所示。它的工作电压范围为 $-0.4\sim+18$ V;工作温度范围为 0$\sim$70℃;差分模拟输入电压为 ±5 V。

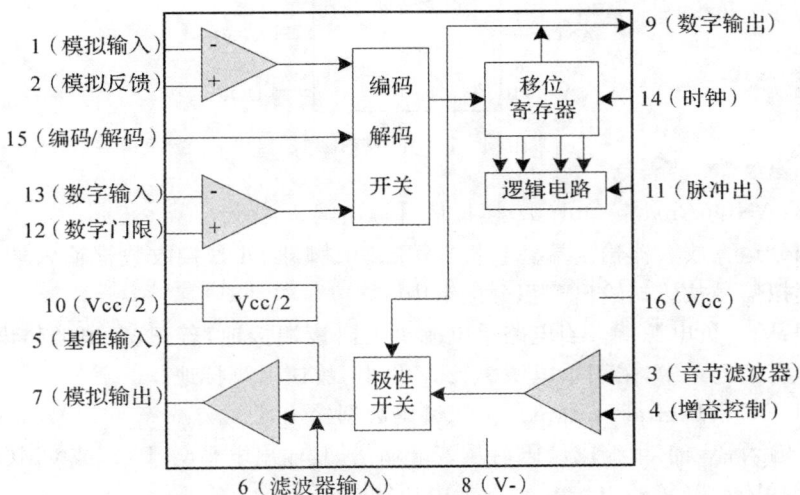

附图 2.1　MC3418 引脚功能框图

2. MC3418 芯片引脚功能介绍

大规模集成电路 MC3418 芯片引脚分布如附图 2.2 所示,各引脚功能如下。

第 1 引脚:ANI(Analog Input)模拟信号输入端。

输入音频模拟信号经过直流分量转换为内部参考电压值,则应在该端与第 10 引脚(Vcc/2 端)间接入偏置电阻。

第 2 引脚:ANF(Analog Feedback)模拟反馈输入端。

该端为电路内模拟比较器的同相输入端。当电路工作于编码方式时,其本地解码信号从该端输入至内部的模拟比较器;当该电路工作于译码方式时,该端不用,可接到第 10 引脚(Vcc/2 端),也可以接地或悬空。

第 3 引脚:SYL(Syllabic Filter)量阶控制信号输入端。

第 4 引脚:GC(Gain Control Input)增量控制输入。

第 5 引脚:VREF(Ref Input)参考电压输入端。

该端为积分运算放大器的同相输入端,用于调节模拟信号的直流分量。在编码时,为保证输入输出模拟信号有相同的直流分量。该端应通过偏置电阻与 Vcc/2 相连。

第 6 引脚:FIL(Filter Input)外接积分器输入端。

该端为积分运算放大器的反相输入端,用于外接元件组成积分滤波器。

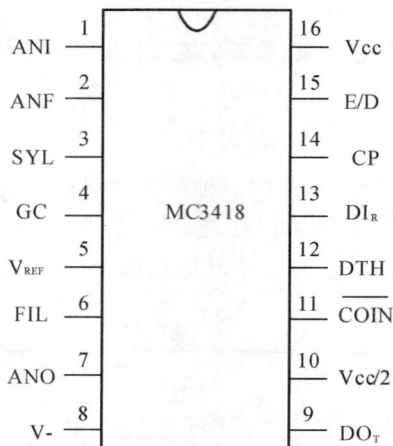

附图 2.2　外引线排列图

第 7 引脚：ANO(Analog Output)模拟信号输出端。

该端为积分运算放大器输出端。它根据第 13 引脚即 DDI(接收数据输入端)端输入数据恢复的音频模拟信号从该端输出到积分网络中。

第 8 引脚：V－负电源端。当电路单电源供电时该端接地，若正、负电源供电时该端接至负电源。在本实验电路中，采用单电源＋12 V 供电，故该引脚接地。

第 9 引脚：DOT(Digital Output)，发送编码数据输出端。

该电路将输入音频信号编成信码后从该端输出，其输出电平与 TTL 或 CMOS 兼容。

第 10 引脚：Vcc/2(Vcc/2Output)参考电压输出端。

第 11 引脚：COIN(Coincidence Output)一致脉冲输入端。当电路内的移位寄存器的各输出为全"1"码或全"0"码时，该端输出负极性一致脉冲，该脉冲经外接音节平滑滤波器后得到量阶控制电压。

第 12 引脚：DTN(Digital Threshold)接口电平控制端。该端用于控制数字输入端接口电平。

第 13 引脚：DDI(Digital Data Input)接收数据输入端。

电路用于译码时，收端的信码从该端输入至芯片内的数字运算放大器进行比较。

第 14 引脚：CP(Clockinput)编译码时钟输入端。

该端时钟信号的频率决定于电路的工作速率，当时钟的下降沿到来时，芯片内的移位寄存器工作。在实验电路中，该端的时钟信号可通过 K201 选择不同的时钟速率，其时钟速率有：64 kHz、32 kHz、16 kHz、8 kHz，译码电路有：64 kHz、32 kHz、16 kHz，以及从二相 PSK 解调来的再生时钟等几种方式可供选择。

第 15 引脚：E/D(Encode/Decode)编码/译码方式控制输入端。

当选择编码工作时，接高电平，使片内的模拟运算放大器与移位寄存器连接；在实验电路中，该端由 CPU 控制，由软件输出高电平送至该端；当译码工作时，该端接低电平，使该芯片内的数字运算放大器与移位寄存器相连，即做增量调制译码验。

第 16 引脚：Vcc 正电源输入端。

该端为 4.75～16.5 V，在本实验电路中，Vcc 为＋12 V 电源。

附录3　AM调制解调芯片——MC1496介绍

1. 简要说明

MC1496是双平衡四象限模拟乘法器。工作电压VEE＝－8 V;载波抑制大于50 dB;平衡式输入和输出,带宽大于80 MHz;输入偏置电流12 μA;输入失调电流0.7 μA;输出失调电流为14 μA;CMRR＝85 dB;电源电流3.0 mA。

2. 内部电路图和引脚功能

MC1496其内部电路图和引脚图如附图3.1所示。其中VT1,VT2与VT3,VT4组成双差分放大器,VT5,VT6组成的单差分放大器用以激励VT1~VT4。VT7,VT8及其偏置电路组成差分放大器VT5,VT6的恒流源。

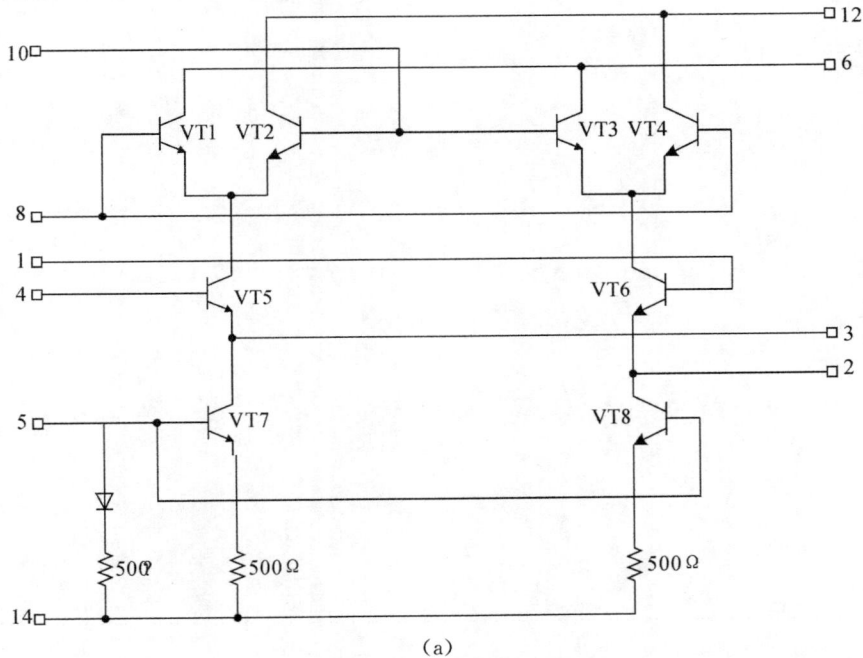

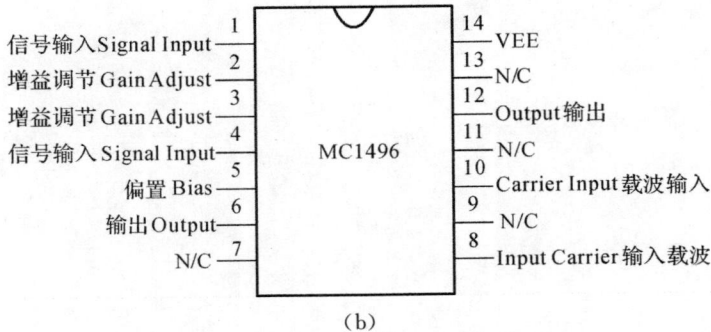

(a)

(b)

附图3.1　MC1496引脚功能框图和引脚图

(a)功能图;(b)引脚图

引脚 8 与 10 接输入电压 UX，1 与 4 接另一输入电压 U_y，输出电压 U。从引脚 6 与 12 输出。

引脚 2 与 3 外接电阻 RE，对差分放大器 VT5，VT6 产生串联电流负反馈，以扩展输入电压 U_y 的线性动态范围。

引脚 14 为负电源端（双电源供电时）或接地端（单电源供电时）。

引脚 5 外接电阻 R5。用来调节偏置电流及镜像电流的值。

附录 4　PCM 编译码芯片——MC145503 介绍

1. 简要说明

集成电路 MC145503,它是 CMOS 工艺制造的专用大规模集成电路,片内带有输出输入话路滤波器,其引脚及内部框图如附图 4.1 和附图 4.2 所示。

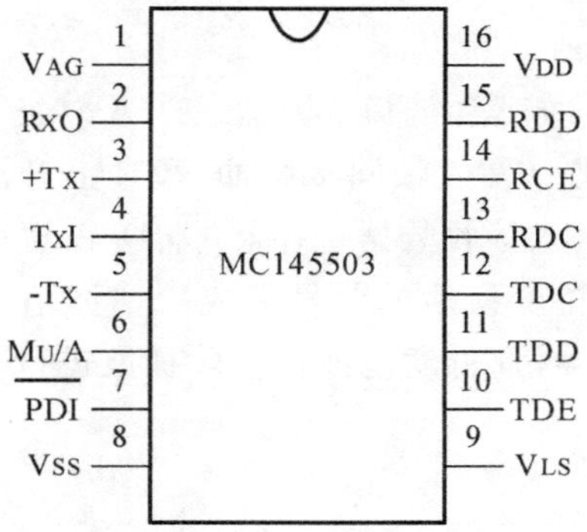

附图 4.1　MC145503 引脚图

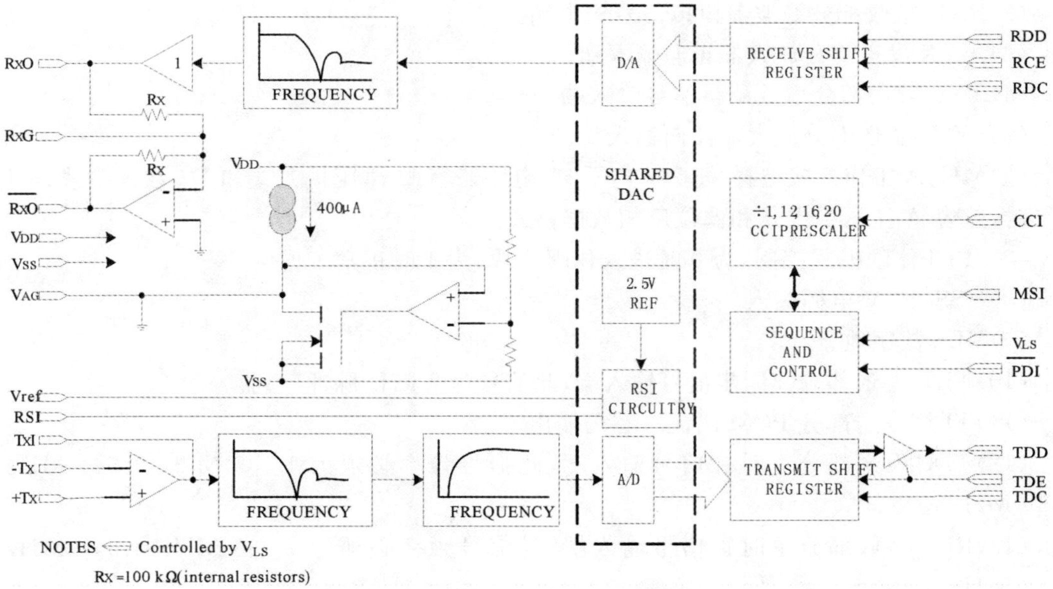

附图 4.2　MC145503 引脚功能框图

MC145503 由发送和接收两部分组成,其功能简述如下。

(1)发送部分。

发送部分包括可调增益放大器、抗混淆滤波器、低通滤波器、高通滤波器和压缩 A/D 转换器。抗混淆滤波器对采样频率提供 30 dB 以上的衰减从而避免了任何片外滤波器的加入。低通滤波器是 5 阶的、时钟频率为 128 MHz。高通滤波器是 3 阶的、时钟频率为 32 kHz。高通滤波器的输出信号送给阶梯波产生器(采样频率为 8 kHz)。阶梯波产生器、逐次逼近寄存器(S·A·R)、比较器以及符号比特提取单元等 4 个部分共同组成一个压缩式 A/D 转换器。S·A·R 输出的并行码经并/串转换后成 PCM 信号。参考信号源提供各种精确的基准电压,允许编码输入电压最大度为 5Vpp。发帧同步信号 TDE 为采样信号。每个采样脉冲都使编码器进行两项工作:在 8 比特位同步信号 TDC 的作用下,将采样值进行 8 位编码并存入逐次逼近寄存器;将前一采样值的编码结果通过输出端 TDO 输出。在 8 比特位同步信号以后,TDO 端处于高阻状态。

(2)接收部分。

接收部分包括扩张 D/A 转换器和低通滤波器。D/A 转换器由串/并变换、D/A 寄存器组成、D/A 阶梯波形成等部分构成。在收帧同步脉冲 RCE 上升沿及其之后的 8 个位同步脉冲 RDC 作用下,8 bit PCM 数据进入接收数据寄存器(即 D/A 寄存器),D/A 阶梯波单元对 8 bit PCM 数据进行 D/A 变换并保持变换后的信号形成阶梯波信号。此信号被送到时钟频率为 128 kHz 的开关电容低通滤波器,此低通滤波器对阶梯波进行平滑滤波并对孔径失真(sinx)/x 进行补偿。

2. 引脚功能

各引脚功能如下。

(1)VAG 模拟地。

(2)RXO 接收部分滤波器模拟信号输出端。

(3)+TX 发送部分放大器正向输入端。

(4)TXL 发送部分增益调整信号输入端。

(5)-TX 发送部分放大器反向输入端。

(6)MU/A 工作模式选择:+5 V 电平时,电路兼容 U 律压扩方式和 D3 数据格式;-5 V 电平时,兼容 A 律压扩方式和偶位反相数据格式。

(7)/PDI 休眠模式控制,为 0 时进入休眠模块,为 1 时正常工作。

(8)VSS-5 V 电源输入。

(9)VLS 数字地。

(10)TDE 发送部分帧同步信号输入端,此信号为 8 kHz 脉冲序列。

(11)TDD 发送部分 PCM 码流三态门输出端。

(12)TDC 发送部分主时钟信号输入端,此信号频率必须为 1.536 MHz、1.544 MHz 或 2.048 MHz。

(13)RDC 接收部分主时钟信号输入端,此信号频率必须为 1.536 MHz、1.544 MHz 或 2.048 MHz。

(14)RCE 接收部分帧同信号输入端,此信号为 8 kHz 脉冲序列。

(15)RDD 接收部分 PCM 码流输入端。

(16)VDD 接+5 V 电源。

附录 5　Agilent ESA 4411B 频谱分析仪操作菜单

Agilent ESA 4411B 频谱分析仪具体操作菜单如下。

1.Frequency/channel

这是测量已知信号中心频率最重要的键,利用该键,我们可以运用以下两种方法设置频谱分析仪测试频率范围。

(1)设置测试中心频率(Center Frequency)和频率扫宽(Span)。

(2)设置测试起始频率和终止频率。我们先通过[Center Freq]设定频谱分析仪测量中心频率,然后通过[Start Freq]和[Stop Freq]设定频谱分析仪测量起始频率和频谱分析仪测量终止频率。

这两种方法都可以实现对一个信号的完全捕捉。

Frequency/channel 中还包括以下一些软键。

(1)[CFStep]:频谱分析仪频率设置变化步进。

(2)[FreqOffset]:将显示频率加入偏置值。

(3)[SignalTrack]:信号跟踪功能,仪表自动调整设置,将频率变化信号保持在原显示位置。

2.SpanXScale

频率扫宽(Span)是显示频率的范围,频谱分析仪测量频率扫宽＝Stopfreq－Startfreq,Span 中还包括以下一些软键。

(1)[Span Zoom]。将显示窗口放大(解调测量下有效)。

(2)[Full Span]。将扫宽设置为全扫宽。

(3)[Zero Span]。频谱分析仪频率变化步进,零扫宽工作状态下(Zero Span),频谱分析仪工作在时域测量模式,可显示被测信号的包络波形。

(4)[Last Span]。将扫宽设置恢复为上一次设置值。

(5)[Zone]。将频谱仪测量显示为两个窗口,将宽扫描频率范围中一段进行选择测试,使用 Zone 功能,可使 ESA 显示两个测试窗口,仪表显示被划分为两个部分。上半部分为测试状态 1,该测试状态为仪表当前测试状态设置。而下半部分为测试状态 1 范围中的一部分。该范围可以通过 Zonecenter 和 Zonespan 功能键进行设置。

3.Sweep

频谱分析仪测试过程中,完成一次从起始频率到终止频率扫描所用的时间为扫描时间(Sweep Time),扫描时间会和频谱测试的 Span,RBW,VBW 等参数的设置有关联。

(1)[Sweep Time]。频谱仪测量扫描时间,自动状态下与频谱仪 Span,RBW,VBW 设置有关。扫描时间设置会对信号幅度测量读数有影响。

(2)[Sweep]。仪表扫描方式:单次扫描/连续扫描。单次扫描:仪表每扫描一次后测试停止,仪表只有每当按[Single]键后扫描一次;连续扫描:仪表按照扫描时间连续测量。

(3)[Sweep Coupling]。扫描时间长度由跟踪源模式控制/扫频模式控制。当 ESA 处于扫频测量状态时,[Sweep Coupling]设置为 SA;而当仪表处于跟踪源测量状态时,[Sweep

Coupling]设置为 SR。

（4）[Point]。频谱分析仪测量点数，点数范围为 101～8 192。

（5）[Segmented]。频谱分析仪分段扫描功能。频谱分析仪扫描过程中，是按照频率连续方式扫描，在分段扫描模式下，可使仪表在不连续的频率范围上进行测试，同时兼容测试精度和测试速度的要求。

4.BW/Avg

频谱分析仪提供的被测信号参数主要是功率信息和频率信息。这些参数的测试结果都和仪表的 RBW，VBW，平均方式等设置会有直接关系。在测试过程中，仪表可根据测试要求自动来设置这些参数。

具体包含的软键如下。

（1）[ResBW]。频谱仪分辨带宽，1 Hz～8 MHz 步进变化。决定频谱分析仪测试频率分辨率，灵敏度，测试速度等指标。自动状态（Auto）下与仪表扫宽（Span）联动变化。

（2）[VideoBW]。频谱分析仪视频带宽，1 Hz～50 MHz 步进变化，对显示噪声有平滑作用。自动状态（Auto）下与 RBW 联动变化。

（3）[VBW/RBW]。VBW 和 RBW 联动变化的比值关系。

（4）[Average]。频谱分析仪测试结果平均处理开关及平均次数。

（5）[Avg/VBWType]。频谱分析仪平均处理方式，会影响测量功率结果。

（6）[EMIResBW]。用于 EMI 测试所采用的中频滤波器。

5.PeakSearch

对于已知中心频率的信号可以设置直接设置频谱仪捕获的频率范围，而对于未知中心频率的信号，我们可以用 PeakSearch 测出其频谱的最高点作为其中心频率（我们经常测的信号指的是均为有用信号的频谱比噪声高的信号）。测量过程中仪表自动将 Marker 定位在当前扫宽范围幅度最大的信号上。

具体包含的软键如下。

（1）[Meas Tools]。仪表自动将 Marker 定位在当前扫宽范围幅度次大的信号上。

（2）[Next PK]。仪表自动寻找当前测试范围内幅度次大信号。

（3）[Next PK Right]。仪表自动寻找频率递增方向幅度次大信号。

（4）[Next PK Left]。仪表自动寻找频率递减方向幅度次大信号。

（5）[PK－PK Search]。显示所有信号峰峰值读数。

（6）[Minsearch]。仪表自动将 Marker 定位在当前扫宽范围幅度最小的信号上。

（7）[Continuous PK]。峰值显示连续开关。

（8）[Search Param]。峰值信号搜索的原则，例如可设置搜索小于 100 dBm 的信号。

（9）[Nd Bpoint]。仪表自动定位比激活 Marker 幅度低 NdB 信号点。

（10）[Peak Table]。所有峰值信号列表。

6.Marker

ESA 通过频域显示可以提供的信息参数主要利用[Marker]和[Measure]功能按键完成。[Marker]是为了标识所需要的信号的频谱的提供的标志符。ESA 频谱仪可同时设置多个标识进行测试，测试内容可以是单信号的测试和多个信号比较测试，这对应标识的[Normal]和

[Delta]设置。

　　这里有一个实例:[Peak Search]是频谱仪提供的标识(Marker)自动定位功能,利用该功能,可方便找到当前测量频率内需测试的信号。如:幅度最大信号;幅度次大信号等,如图附5.1所示,小圆圈即是 Marker。为准确的完成对信号搜索和定位,可以规定信号搜索的准则,如:只对幅度大于 80 dBm 的信号才进行搜索;只有当信号幅度比相邻信号高 6 dB 时才被视为一个峰值信号等。该功能可在[Search Param]项目中进行设置。

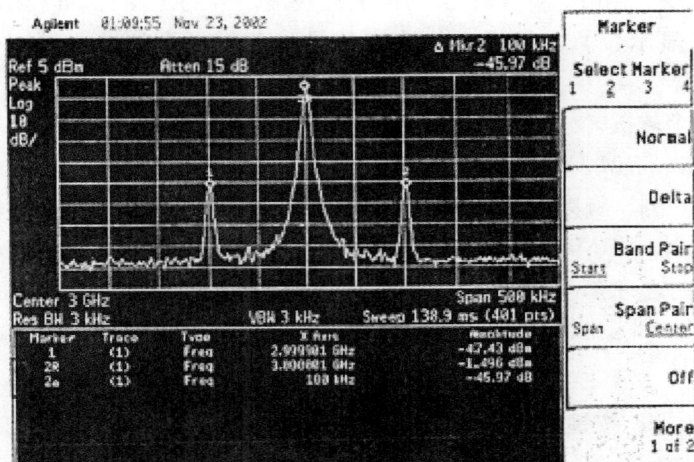

附图 5.1　多个 Marker 标识信号

此区域具体包含的软键如下。

(1)[Select Marker]。ESA 显示多个标识,用于信号读值测量。

(2)[Normal]。激活 Marker 用于单信号幅度/频率差值参数测试。

(3)[Delta]。激活 Marker 测量对用于两个信号幅度/频率差值参数测试。

(4)[Band Pair]。改变 Marker 测量对的起始频率或终止频率。

(5)[Span Pair]。改变 Marker 测量对的中心频率或频率间隔。

(6)[Off]。将 Marker 测量关闭。

(7)[Select Marker]。选择激活测量的 Marker。

(8)[Marker Trace]。选择激活 Marker 放置在不同测量轨迹上,当仪表同时显示多条测量轨迹线时,可将激活标识定义在不同轨迹线上。如:Marker1 位于 Trace1 上,而 Marker2 位于 Trace2 上。

(9)[Readout]。选择 Marker 测量结果显示方式(频率/时间),扫频状态下读数结果默认为频率 Frequency;如选择 Period 时,显示为频率倒数(周期)Time,显示用于频谱仪零扫频状态下时域测量读值。

(10)[Function]。激活/关闭频谱仪 Markernoise/Bandpower。

(11)[Markertable]。将多个激活 Marker 测量结果同时显示。

(12)[Marker All Off]。将所有激活 Marker 测量关闭。

(13)[Marker Noise]。功能用于噪声信号或类似噪声信号的功率谱密度进行测试,即被测噪声信号在 1 Hz 频率带宽内功率值。

（14）［Band/Intvl Power］。功率用于测量一定频率范围内信号功率和，该频率范围由一对 Ref Marker 和 Marker 确定，具体设置由［Marker］键中的 Band Power 或 Span Pair 设置确定。

（15）［Marker Count］。包含两个软键，［Marker Count］On/off 表示开关频率计数器功能，可以提高信号频率，测量分辨率和精度。［Resolution］表示频率计数器测量分辨率。

（16）［Marker→］。用［Peak Search］功能完成被测信号的定位后，可利用［Marker→］功能将信号移动至相应显示位置。一般会将选定信号移动至显示的中心频率位置和参考电平位置。

它包含以下 5 个软键。

1）［Mkr→CF］。将 Marker 对应信号移至显示中央频率位置。

2）［Mkr→CFstep］。将频率步进变化值设为与 Marker 对应信号的频率值相同。

3）［Mkr→Start］。将 Marker 对应信号移至起始频率位置。

4）［Mkr→Stop］。将 Marker 对应信号移至终止频率位置。

5）［Mkr→RefLevel］。将 Marker 对应信号移至参考电平位置。

7.Amplitude

当选择［Amplitude］按键时，频谱分析仪的显示纵轴是信号幅度，这样可以完成频谱仪幅度参数的设置。

激活［Amplitude］按键，则产生以下软键。

（1）［Ref Level］。频谱仪测量参考电平，反映当前测量功率最大电平。参考电平是频谱分析仪显示栅格线中最高线所对应的幅度值，参考电平反应当前测试状态下仪表所能测试的最大输入信号幅度，即设置参考电平的目的是使被测信号尽量接近参考电平，而不要超过它。默认设置自动为参考电平（Reflevel）。

（2）［Attenuation］。输入衰减器设值，0～70 dB 范围/2 dB 步进变化。

（3）［Scale/Div］。幅度显示标尺，每显示格对应的幅度变化。

（4）［Scale Type］。幅度显示方式：对数/线性选择。

（5）［Presel Center］。频谱仪输入预选滤波器中心频率自动调整，保证信号幅度测量精度。

（6）［Presel Adjust］。频谱仪输入预选滤波器中心频率自动调整，保证信号幅度测量精度。

（7）［YAxis Units］。频谱仪显示信号功率单位（dBm；W；dBv）。

（8）［Ref Lvloffset］。参考电平人为偏置。

（9）［Intpreamp］。频谱仪内置放大器开关（需选件 1DS）。

（10）［Correction］。外置设备（无线/电缆等）影响补偿功能，可补偿频响误差影响。

（11）［Ext Amp Gain］。外置放大/衰减值；频谱仪补偿其影响，得到被测信号真实性。

（12）［Maxmixer Level：−10 dBm］。频谱仪混频器工作电平。

8.Autocouple

自动联动设置［Auto Couple］菜单中包含以下软键。

（1）[Auto All]。将频谱仪 Atten，RBW，VBW，Sweeptime 全部设为自动状态，还可以将频谱分析仪表中所有可以手动/自动设置的参数置于自动状态，这些参数主要包含以下几个。

1）RBW。由频率扫宽决定；

2）VBW。由 RBW 决定；

3）Sweeptime。由频率扫宽，RBW，VBW 决定；

4）输入衰减器 Attenuation。由参考电平和混频器电平决定。

ESA 频谱仪内部本振相位噪声性能可以根据测试要求进行优化选择。

（2）[Phasenoiseopt]。ESA 本振相位噪声优化模式。

（3）[Detector]。ESA 测量检波方式，会影响测试功率读数。

（4）[Avg/VBWType]。频谱分析仪测量结果平均方式。

9.Det/Demod

该键可以用于解调形式的设定及功能设定，激活该键后，可以产生以下两个软键。

（1）[Detecor]。设置仪表检波方式。

（2）[Demod]。ESA 提供对 AM 和 FM 信号的解调功能，通过解调收听判断频谱仪测量结果是否受到空中广播信号干扰。

该软键还包含以下 3 个软键。

1）[Demod View]。解调处理开关。

2）[Speaker]。扬声器输出开关。

3）[Demod Time]。解调时间长度。

ESA 频谱仪可对 AM 信号进行解调处理，解调结果可通过屏幕显示或扬声器输出。通过增加测量选件，ESA 还可对 FM 信号进行解调处理。通过对信号的解调，可以判断仪表测量显示信号的来源，消除广播干扰对仪表测试的干扰。

10.Display

该键可以在仪表测量显示上增加测试名称等功能，激活[Display]按键，则产生以下软键。

（1）[Full Screen]。仪表测试结果全屏显示。

（2）[Display Line]。设定幅度参考线，便于被测信号幅度判断。

（3）[Limits]。测试结果通过/不通过判断功能，极限值编辑。为便于对各种信号的测试判断，ESA 支持信号极限判断功能，用户可定义信号幅度和频率的标准，仪表通过测试比较可直接给出判断通过/不通过的结果。

（4）[Title]。频谱分析仪测量结果名称。

（5）[Preference]。仪表显示珊格及标识的开关控制。

11. Measure

利用[Measure]测量功能，可方便得到被测信号的许多参数，如信号功率，频率带宽，谐波失真等。针对[Measure]某个测试功能，相关的设置在[Meas Setup]下完成。激活该键，则产生以下软键。

（1）[Meas Off]。ESA 测量功能关闭，返回频谱测量状态。

（2）[Channel Power]。通道功率测量，用于调制信号功率测量应用。

（3）[OccupiedBW]。信号频率占用带宽测量。

(4)[ACP]。调制信号邻道功率比测量,可根据各种测试规范进行。

(5)[Multi Carrier Power]。多载波信号功率测量。

(6)[Power StatCCDF]。信号功率变化统计特性测量,得到信号平均功率/峰值功率,还包括以下软键。

1)[Harmonic Distortion]。信号谐波测量。

2)[Burst Power]。脉冲调制信号包络参数测量。

3)[Intermod(TOI)]。交调性能测试。

4)[Spurious Emission]。信号寄生杂散测试。

5)[Spectrum Emission Mask]。信号频谱模板测试。

12. Input/Output

[Input/Output]主要控制仪表信号输入参数的设置,激活该键,则产生以下软键。

(1)[InputZCorr]。可以设定仪表输入阻抗(50 Ω/75 Ω)。

(2)[Amptd Ref Out]。频谱分析仪测量对象。

off 表示输入信号,on 表示仪表内部参考信号,用于仪表自校。

13. View/Trace

激活该键,则产生以下软键。

(1)[Trace]。频谱分析仪可同时显示 3 条测试曲线,测试曲线名称。ESA 频谱分析仪表可以同时显示 3 条测量轨迹线,其中 2 条是以前测试的存储结果,而只能显示 1 条激活测试轨迹。这三条测量轨迹线间可进行各种数学运算处理。

(2)[Clear Write]。将当前选定的测量曲线激活,消除仪表内部显示缓存其内容。

(3)[Tax Hold]。最大保持功能,频谱仪显示多次扫描结果中最大幅度结果,可用于漂移信号监视等应用。

(4)[Min Hold]。最小保持功能,频谱仪显示多次扫描结果中最小幅度结果。

(5)[View]。将频谱仪测量结果写入仪表内部缓存器或存储内容调入显示,频谱仪显示为存储静止图形。

(6)[Blank]。消除选定曲线的显示。激活该键,还能产生以下软键。

1)[Operations]。多条测量轨迹线间的算术运算处理。

2)[Normalize]。跟踪源测试中归一化校准。在应用 ESA 的跟踪源进行传输和反射特性测试时,首先需要对仪表进行校准,归一化按键是为消除仪表频率响应误差的方法。

14. System

ESA 频谱分析仪的系统信息及系统管理依靠[System]按键下各功能项目完成,激活该键,则产生以下软键。

(1)[Show Error]。ESA 频谱仪出错信息。

(2)[Poweron/preset]。仪表开机状态/复位状态设置。

(3)[Time/Date]。修改 ESA 频谱仪显示时间。

(4)[Alignments]。ESA 频谱仪幅度自校功能(Input 设置为内部 50M 参考信号)。

(5)[Remote Port]。ESA 频谱仪外设接口地址配置信息。激活该键,则产生以下软键。

1)[Show Ststem]。ESA 频谱仪基本信息:仪表串号;版本信息;选件配置;工作时间等。

2)［Show Hdwr］。ESA 频谱仪内部硬件配置。

3)［Color Palette］。ESA 频谱仪测量显示颜色配置。

4)［Diagnostics］。ESA 仪表诊断。

5)［Restore Sys Defaults］恢复 ESA 仪表系统配置文件。

激活该键,则产生以下三级软键。

- ［Licensing］。ESA 频谱仪测量选件管理。

- ［Personality］。ESA 频谱仪内置测量选件信息。

- ［Service］。ESA 频谱仪维修信息。

附录 6   E4438 CESG 矢量信号发生器使用说明

附 6.1   E4438 CESG 矢量信号发生器的结构

附 6.1.1   ESG 矢量信号发生器前面板

ESG 矢量信号发生的前面板组成结构如附图 6.1 所示。

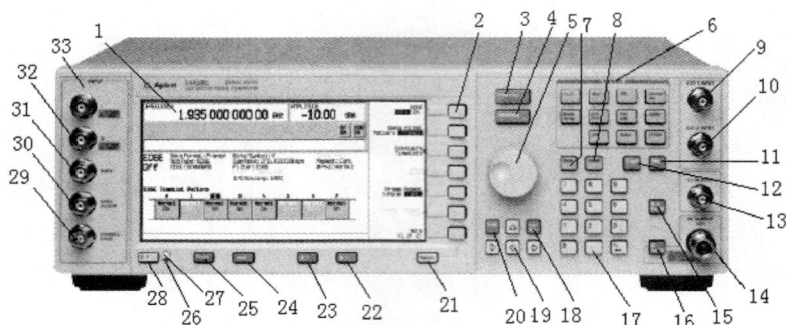

附图 6.1   ESG 矢量信号发生器前面板结构

1. 显示屏

LCD 屏幕显示的是有关当前功能的信息。信息可以包括状态指示符、频率和幅度设置以及错误信息。软功能键的标签位于显示屏的右侧。

2. 软功能键

软功能键激活每个键左边显示的标签所指示的功能。

3. Frequency（频率）键

按下此硬功能键会激活频率功能。可以更改 RF 输出频率，或使用菜单来配置频率属性，如倍频、频偏和参考频率。

4. Amplitude（幅度）键

按下此硬功能键可以激活幅度功能。可以更改 RF 输出幅度，或使用菜单来配置幅度属性，如功率搜索、用户平坦度和电平调整模式。

5. 旋钮

旋转旋钮增大或减少数值，或者更改突出显示的数字或字符。也可以使用旋钮在列表中单步进行选择或者选择行中的项。

6. Menu 菜单键

这些硬功能键访问软功能键菜单，使用户能够配置列表和步进扫描实用程序功能、LF 输出以及各种模拟调制类型。

7. Save 保存键

此硬功能键访问软功能键菜单,可使您将数据保存在仪器状态寄存器中。仪器状态寄存器是存储器的一部分,存储器分为 10 个序列,编号为从 0 到 9。每个序列包含 100 个寄存器,编号为从 00～99。Save(保存)允许您存储和重新调用频率以及幅度设置。当在不同的信号配置之间切换时,该键提供了一种快捷的方式,可通过前面板或 SCPI 命令来重新配置信号发生器。一旦保存了仪器状态,所有的频率、幅度和调制设置都可以用 Recall(重新调用)硬功能键重新调用。

8. Recall 重新调用键

此硬功能键可以还原以前保存在存储寄存器中的任何仪器状态。

9. EXT1INPUT

此 BNC 输入连接器接受 AM,FM 和 ΦM 的 $\pm1\ V_{PP}$ 信号。对于所有这些调制信号,±1 V_{PP} 会产生所指示的偏移或调制深度。当为 AM、FM 或 ΦM 选定了交流耦合输入并且峰值输入电压与 $1\ V_{PP}$ 的偏差超过 3% 时,显示屏上的 HI/LO 指示符就会亮起来。Ω 输入阻抗可以选定为 50 Ω 或 600 Ω,损坏电平为 5 Vrms 和 10 V_{PP}。此连接器也可以作为脉冲串包络输入连接器,它提供了以下的线性控制 0 V＝100% 幅度,$-1.00\ V＝0\%$ 幅度。如果信号发生器配置了选件 1EM,那么此输入被转接到后面板上的一个 BNC 容式连接器。

10. EXT2INPUT

此 BNC 输入连接器接受 AM、FM 和 ΦM 以及脉冲调制的 $\pm1\ V_{PP}$ 信号。对于 AM,FM 或 ΦM,$\pm1\ V_{PP}$ 产生指示的偏移或调制深度。对于脉冲调制＋1 V 为开,0 V 为关。

当 AM、FM 或 ΦM 选定了交流耦合输入,并且峰值输入电压与 $1\ V_{PP}$ 的偏差超过 3% 时显示屏上的 HI/LO 指示符就会亮起来。输入阻抗可以选择 50 Ω 或 600 Ω,损坏电平为 5 Vrms 和 10 V_{PP}。如果信号发生器配置了选件 1EM,那么此输入被转接到后面板上的一个 BNC 包容式连接器。

11. Help 帮助键

按下此硬功能键可以查看所有硬功能键或软功能键的简短说明。信号发生器上有两种帮助模式可供使用,分别是单模式和连续模式。单模式是出厂预设模式按下 Utility→Instrument Info/Help Mode→Help Mode Single Cont(实用程序→仪器信息/帮助模式→帮助模式单模式连续模式)可以在单模式和连续模式间切换。

(1)如果在单模式下按下 Help(帮助)键,将会显示您按下的下一个键的帮助文本,此时并不激活该键的功能。此后按下任何键都可退出帮助模式并激活该键的功能。

(2)如果是在连续模式下按下 Help 键,那么在您再次按下 Help 键或更改到单模式之前,会为每个后续的按键提供帮助文本。在连续模式下按下 Help 键同时也激活了该键的功能(但 Preset(预设)键例外)。

12. Trigger 触发键

此硬功能键为某一功能(例如列表或步进扫描)启动一个即时触发事件。触发模式必须先设置为 Trigger Key(触发键)然后才能用此硬功能键启动触发事件。

13. LFOUTPUT

此 BNC 连接器用于输出低频(LF)源函数发生器生成的调制信号。该输出能够在负载为 50 Ω 的情况下输出达到 3 V_{PP}(标称值)。如果信号发生器配置了选件 1EM,那么此输出被转接到后面板上的一个 BNC 包容式连接器。

14. RFOUTPUT

此 N 型包容式连接器用于输出 RF 信号。源阻抗为 50 Ω,损坏电平为 50 VDC,输出 RF 信号频率≤2 GHz 时,输出功率为 50 W;输出 RF 信号频率>2 GHz 时,最大输出功率为 25 W。但是如果在达到标称功率 1 W 时,反向功率保护电路将会跳闸。如果信号发生器配置了选件 1EM,那么此输出被转接到后面板上的一个 N 型包容式连接器。

15. Mod On/Off(调制开关)键

此硬功能键切换所有调制信号的工作状态。尽管可以设置并启用各种调制状态,但 RF 载波只有在 Mod On/Off(调制开关)设置为 On(开)之后才会进行调制。显示屏上会一直出现一个指示符,以指示调制的开关状态。

16. RF On/Off(RF 开关键)

此硬功能键切换出现在 RFOUTPUT 连接器上的 RF 信号的工作状态。显示屏上会一直出现一个指示符,以指示 RF 的开关状态。

17. 数字小键盘

数字小键盘由数字 0~9 共 10 个硬功能键、一个小数点硬功能键和一个退格硬功能键组成。可以使用退格硬功能键退格或定义一个负数。在定义负数时,必须先输入负号,然后再输入数值。

18. Incr Set(增量设置)键

使用此硬功能键可以设置当前活动功能的增量值。如果按下此硬功能键,当前活动功能的增量值将出现在显示屏的活动条目区域内。使用数字小键盘、箭头硬功能键或旋钮都可以调整该增量值。

19. 箭头键

向上箭头和向下箭头硬功能键用于增大或减少数值、单步选择显示的列表或者选择显示列表的某一行中的项。使用左箭头和右箭头硬功能键则可以突出显示单个数字或字符。一旦突出显示了某个数字或字符,它的值就可以使用向上箭头和向下箭头硬功能键进行更改。

20. Hold 保持键

此硬功能键清空显示屏上的软功能键标签区域和文本区域。一旦按下此硬功能键,软功能键箭头、硬功能键、旋钮、数字小键盘和 Incr Set(增量设置)硬功能键都不起任何作用。

21. Return 返回键

可以使用此硬功能键可以返回按键。如果在一个不止一级的菜单中(More(1 of 3)更多(第 1 页共 3 页))More(2 of 3)更多(第 2 页共 3 页))等等,Return(返回)键将始终返回到菜单的第一级。

22. 显示屏对比度增大键

如果按下或按住此硬功能键,会使显示屏的背景加亮。

23. 显示屏对比度减小键

如果按下或按住此硬功能键,会使显示屏的背景变暗。

24. Local 本地键

此硬功能键用于关闭远程操作并将信号发生器返回到前面板控制。

25. Preset 预设键

此硬功能键用于将信号发生器设置到一种已知状态(出厂或用户定义状态)。

26. 备用 **LED**

此黄色 LED 指示信号发生器的电源开关设置为备用状态。

27. 电源 **LED**

此绿色 LED 指示信号发生器的电源开关设置为打开状态

28. 电源开关

此开关在设置到接通位置时,将激活信号发生器的满功率状态;而在处于备用模式时,会关闭信号发生器的所有功能。在备用模式下,信号发生器依然连接到电源,并给某些内部电路供电。

29. SYMBOLSYNC 输入连接器

该 CMOS 兼容的 SYMBOLSYNC 连接器接受为数字调制应用外部提供的符号同步信号。正确输入应是 TTL 或 CMOS 位时钟信号。它可以通过两种模式进行使用。当用作符号同步信号与数据时钟配合使用时,该信号在符号的第一个数据位期间必须处于高电平。在数据时钟信号的下降沿期间,该信号必须有效并可以是一个单脉冲或连续脉冲。当 SYMBOL-SYNC 本身用作(符号)时钟时,CMOS 下降沿用于同步 DATA 信号。最大时钟频率是 50 MHz。损坏电平为 $>+8$ V 和 <-4 V。

如果信号发生器配置了选件 001 或 002,则提供一个 BNC 包容式连接器。如果信号发生器配置了选件 1EM 此输入被转接到后面板的 SMB 连接器。

30. DATACLOCK 输入连接器

该 TTL/CMOS 兼容型 DATACLOCK 连接器接受用于数字调制的外部提供的数据时钟输入信号。正确输入应是 TTL 或 CMOS 信号(可以是位信号或符号信号)其中上升沿与数据起始位对齐。CMOS 下降沿用于同步 DATA 信号和 SYMBOL——SYNC 信号。

如果是用户提供数据,则最大时钟频率为 50 MHz。如果是信号发生器提供数据,则最大频率为 5 MHz,损坏电平为 $>+8$ V 和 <-4 V。

如果信号发生器配置了选件 001 或 002,则提供一个 BNC 包容式连接器。如果信号发生器配置了选件 1EM,此输入被转接到后面板的 SMB 连接器。

31. DATA 输入连接器

该 TTL/CMOS 兼容型 DATA 连接器接受用于数字调制的外部提供的数据输入信号。正确输入应是 TTL 或 CMOS 信号,其中 CMO 高电平等于数据 1,CMOS 低电平等于数据 0。

如果是用户提供数据则最大输入数据速率为 50 Mb/s,如果是信号发生器提供数据,则最大速率为 5 Mb/s。它的前沿必须与 DATACLOCK 上升沿同步。在 DATACLOCK 下降沿上,数据必须有效。损坏电平为>+8 V 和<−4 V。

如果信号发生器配置了选件 001 或 002,则提供一个 BNC 包容式连接器,如果信号发生器配置了选件 1EM 此输入被转接到后面板的 SMB 连接器。

32. Q 输入连接器

此连接器接受 I/Q 调制信号的外部提供的、模拟的正交相位组成部分。对于校准输出电平,信号电平为 $\sqrt{I^2+Q^2}=0.5$ Vrms。输入阻抗为 50 Ω。损坏电平为 1 Vrms 如果信号发生器配置了选件 1EM,那么此输入被转接到后面板。

33. I 输入连接器

此连接器接受 I/Q 调制信号的外部提供的、模拟的同相组成部分。对于校准输出电平信号电平为 $\sqrt{I^2+Q^2}=0.5$ Vrms 输入阻抗为 50 Ω 损坏电平为 1 Vrms

如果信号发生器配置了选件 1EM 那么此输入被转接到后面板。

附 6.1.2 ESG 矢量发生器显示界面

ESG 矢量发生器显示界面如附图 6.2 所示。

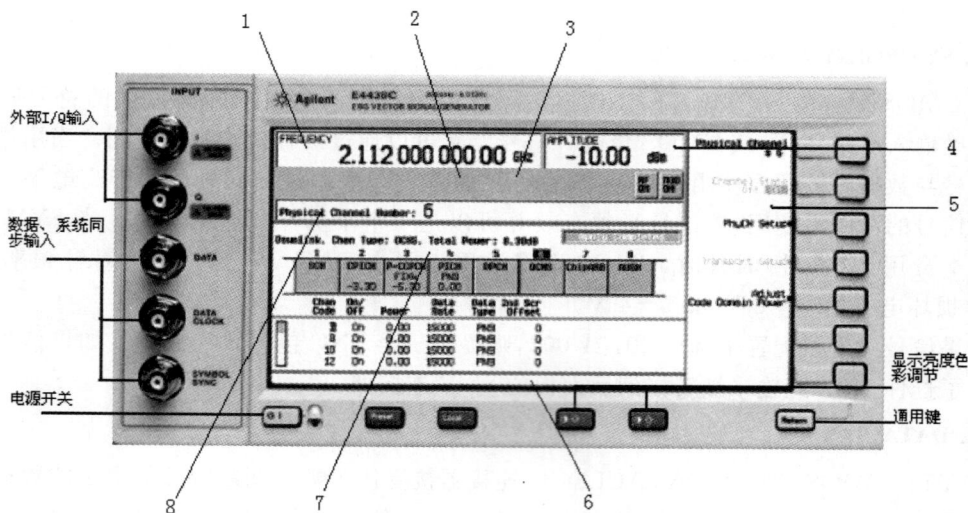

附图 6.2 ESG 矢量发生器显示界面

1. 频率区域

当前频率设置会显示在显示屏的这一部分中。当使用了频率偏移或倍频、打开了频率参考模式或者使用了外部频率时,也会在此区域显示出指示符。

2. 指示符

显示屏指示符显示了某些信号发生器功能的状态,并指示错误情况。一个指示符位置可以供多个功能使用。这并不会产生问题,因为在特定时间只能激活一个享有指示符位置的功能。

(1)ΦM。如果打开了相位调制,就会出现此指示符。如果打开频率调制 FM 指示符将会取代 ΦM 指示符。

(2)ALCOFF。如果 ALC 电路处于禁用状态,则会出现此指示符。如果启用了 ALC 但无法维持输出电平,则第二个指示符 UNLEVEL 将出现在同一位上。

(3)AM。如果打开幅度调制,就会出现此指示符。

(4)ARMED。如果扫描已启动并且信号发生器正在等待扫描触发事件,那么此指示符将会出现。

(5)ATTENHOLD。如果打开了衰减器保持功能那么此指示符将会出现,如果启此能,该衰减器将会保持在它的当前设置上。

(6)BERT。如果打开了选件 UN7 的误码率测试(BERT)功能,那么此指示符将会出现。

(7)ENVLP。如果打开了脉冲串包络调制功能,那么此指示符将会出现。

(8)ERR。如果有错误信息出现在错误队列中,那么此指示符将会出现。在您查看完所有的错误信息或清除掉错误队列之前,该指示符将一直处于打开状态按下 Utility＞Error Info (实用程序＞错误信息)(9),可以访问错误信息。

(10)EXT。如果打开了外部电平调整,就会出现此指示符。

(11)EXT1LO/HI。此指示符显示为 EXT1LO 或 EXT1HI。如果输入 EXT1INPUT 的交流耦合信号低于 $0.97\ V_{PP}$ 或高于 $1.03\ V_{PP}$,那么此指示符将会出现。

(12)EXT2LO/HI。此指示符显示为 EXT2LO 或 EXT2HI。如果输入 EXT2INPUT 的交流耦合信号低于 $0.97\ V_{PP}$ 或高于 $1.03\ V_{PP}$,那么此指示符将会出现。

(13)EXTREF。如果输入了外部频率参考,那么此指示符将会出现。

(14)FM。如果打开频率调制,那么此指示符将会出现。如果打开了相位调制,那么 ΦM 指示符将会取代 FM 指示符出现。

(15)L。如果信号发生器处于监听模式,并且正在通过 GPIB 接口接收信息或命令,那么此指示符将会出现。

(16)MODON/OFF。此指示符表明对 RF 载波进行调制(MODON),或者调制已关闭(MODOFF)在显示屏上始终会显示此指示符的其中一种状态。

(17)OVENCOLD。如果内部恒温器的基准振荡器的温度已下降到可接受级别以下,那么此指示符将会出现。如果出现了此指示符频率准确度将会降低。只有在信号发生器与电源断开连接时这种情况才应该出现。该指示符的运行时间是有限制的经过一段指定时间之后它会自动关闭。

(18)PULSE。如果打开脉冲调制,那么此指示符将会出现。

(19)R。如果信号发生器处于远程 GPIB 操作状态,那么此指示符将会出现。

(20)RFON/OFF。此指示符指示出 RF 信号在 RFOUTPUT 连接器中出现(RFON),或者 RF 未出现在 RFOUTPUT 连接器中(RF　OFF)。在显示屏上始终会显示此指示符的其中一种状态。

(21)S。如果信号发生器已通过 GPIB 接口生成一个业务请求 SRQ,那么此指示符会出现。

(22)SWEEP。如果信号发生器正在以列表或步进模式进行扫描,那么此指示符将会出现。

(23)T。如果信号发生器处于讲话模式,并且正在通过 GPIB 接口发送信息,那么此指示符将会出现。

(24)UNLEVEL。如果信号发生器无法维持正确的输出电平,那么此指示符将会出现。出现 UNLEVEL 指示符不一定表示出现了仪器故障。在正常操作过程中也可能会出现电平达不到正常输出电平的情况。如果禁用了 ALC 电路,将会在同一位置出现第二个指示符ALCOFF。

(25)UNLOCK。如果任何锁相环都无法维持锁相,那么此指示符将会出现。通过检查错误信息您可以确定哪个环路没有被锁定。

3. 数字调制指示符

所有数字调制指示符都出现在此位置。只有当调制处于活动状态,并且在特定时间内只有一种数字调制处于活动状态时,这些指示符才会出现。

4. 幅度区域

当前输出功率电平设置会显示在显示屏的这一部分中。当使用了幅度偏移、打开了幅度参考模式、启用了外部电平调整模式以及当启用了用户平坦度时,也将在此区域中显示指示符。

5. 软功能键标签区域

此区域中的标签定义了紧挨着标签右边的软功能键的功能。软功能键标签将根据选定的功能更改。

6. 错误信息区域

在此区域会报告简短的错误信息。当出现多条错误信息时,只会保留显示最新的消息。若要查看这些报告的错误信息的详细内容,请按下 Utility(实用程序)＞Error Info(错误信息)。

7. 文本区域

显示屏的这一区域用于显示有关信号发生器的状态信息,如调制状态扫描列表和文件目录。此区域也可使您执行诸如管理信息、输入信息以及显示或删除文件等功能。

8. 活动功能区域

当前的活动功能会显示在此区域中。例如如果频率是活动功能,那么当前频率设置将显示在此区域。如果当前活动功能有一个与它关联的增量值那么该值,也会显示出来。

附 6.1.3 ESG 矢量信号发生的后面板组成结构

ESG 矢量信号发生的后面板组成结构如附图 6.3 所示。
①321.4IN 连接器(适用于选件 300);
②BERGATEIN 连接器(适用于 UN7);
③BERCLKIN 连接器(适用于选件 UN7);
④BERDATAIN 连接器(适用于选件 UN7);
⑤I‐barOUT 连接器;
⑥IOUT 连接器;
⑦COHCARRIER 输出连接器;

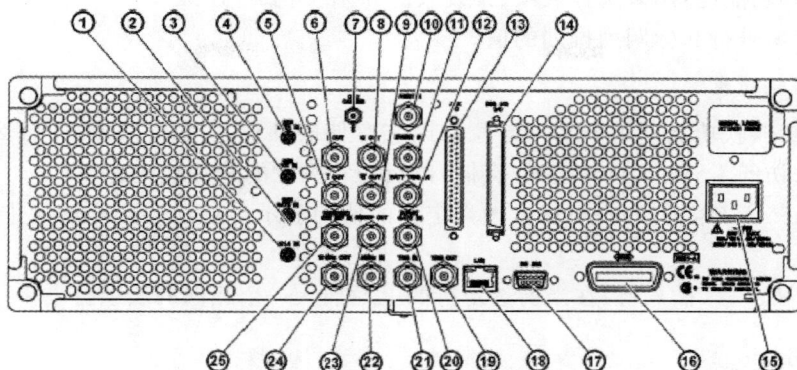

附图 6.3　后面板功能概述

⑧QOUT 连接器；

⑨Q－barOUT 连接器；

⑩EVENT1 连接器；

⑪EVENT2 连接器；

⑫PATTTRIGIN 连接器；

⑬AUXI/O 连接器；

⑭DIGI/QI/O 连接器；

⑮交流电源插座；

⑯GPIB 连接器；

⑰RS232 连接器；

⑱LAN 连接器；

⑲TRIGOUT 连接器；

⑳BURSTGATEIN 连接器；

㉑TRIGIN 连接器；

㉒10 MHz IN 连接器；

㉓SWEEPOUT 连接器；

㉔10 MHz OUT 连接器；

㉕BASEBANDGENREFIN 连接器。

附 6.2　基本操作

附 6.2.1　使用表编辑器

信号发生器表编辑器可以简化如创建列表扫描这样的配置任务。按下 Preset(预设)→Sweep/List(扫描/列表)→Configure List Sweep(配置列表扫描)信号发生器显示的 List Mode Values 表编辑器如附图 6.4 所示。

活动功能区域：在编辑活动表项的值时用来显示活动表项的区域；

光标：是一个反转的视频标识符，用于突出显示特定表项以便进行选择和编辑；

表编辑器软功能键:用来选择表项、预设表值和修改表结构的键;

表项:是按编号行和标题列排列的值。

1.表编辑器软功能键

下列表编辑器软功能键用于装入定位修改和存储表项值。按下 More(1 of 2)(更多第 1 页,共 2 页))来访问 Load/Store(装入/存储)以及与它关联的软功能键。

(1)Edit Item。(编辑项)在可以修改选定项的值的显示屏的活动功能区域中显示该选定的项。

(2)Insert Row。(插入行)在当前选定行的上面插入一个相同的表项行。

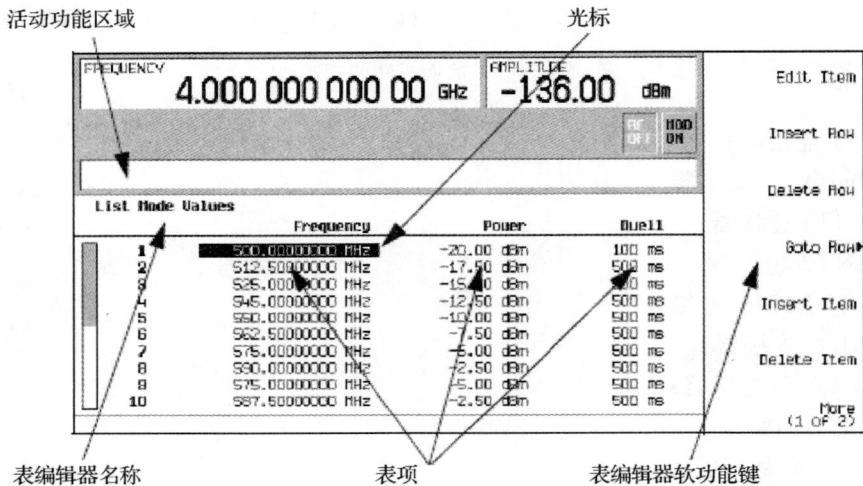

附图 6.4　List Mode Values 表编辑器图

(3)Delete Row。(删除行)删除当前选定的行。

(4)Go to Row。(转至行)打开用于快速浏览表项的软功能键菜单(Enter(输入))。

(5)Go to Top Row(转至最上一行),Goto Middle Row(转至中间行),Goto Bottom Row(转至最后一行),Page Up(上一页)和 Page Down(下一页)。

(6)Insert Item。(插入项)在当前选定项下新的一行中插入相同的一项。

(7)Delete Item。(删除项)删除当前选定列的最后一行的项。

(8)Page Up 和 Page Down。显示超出只能显示十行的表显示区范围以外的行表项。

(9)Load/Store。打开一个软功能键菜单(Load From Selected File(从选择的文件中装入)、Store To File(存储到文件)Delete File(删除文件)Goto Row Page Up 和 Page Down),用于从存储器目录的文件中装入表项,或将当前表项作为文件存储到存储器目录中

2.修改数据字段中的表项

要修改现有的表项,具体操作如下。

(1)使用箭头键或旋钮将表光标移到所需项上项已被选中。

(2)按下 Edit Item,所选项显示在显示屏的活动功能区域中。

(3)使用旋钮、箭头键或数字小键盘修改该值。

(4)按下 Enter,此时表中显示的是已修改项。

附 6.2.2　配置 RF 输出

1.设置 RF 输出频率

(1)按下 Preset 这将使信号发生器返回到出厂时定义的状态。

注意:可以将信号发生器的预设状态更改为用户定义状态。但是,出于介绍这些示例的目的使用的是出厂时定义的预设状态,即,Utility(实用程序)菜单中的 Preset Normal User(预设正常用户)软功能键必须设置为 Normal(正常)。

(2)观察显示屏中的 FREQUENCY 区域(它在显示屏的左上角)所显示的值是信号发生器指定的最高频率

(3)按下 RFOn/Off(RF 开/关)。

(4)按下 Frequency→700→MHz。此时 700 MHz RF 频率将出现在显示屏的 FRE-QUENCY 区域和活动条目区域中

(5)按下 Frequency→Incr Set(增量设置)→1→MHz。这将把频率增量值更改为 1 MHz

(6)按下向上箭头键。每按一次向上箭头键,频率就按上次用 Incr Set 硬功能键设置的增量值递增。增量值显示在活动条目区域中。

(7)向下箭头键将使频率按照前一步中设置的增量值递减以 1 MHz 的增量值练习逐步增大和减小频率。也可以使用旋钮调整 RF 输出频率,只要频率是活动功能频率显示在活动条目区域中使用旋钮就可以增大和减小 RF 输出频率。

(8)使用旋钮将频率调回到 700 MHz。

2.设置参考频率和频率偏移

以下过程将把 RF 输出频率设置为参考频率所有其他频率参数都是与它相对的最初显示在显示屏上的频率将为 0.00 Hz(硬功能键输出的频率减去参考频率的值),尽管显示内容会改变但频率输出并不会改变。所有后续频率更改都将显示为相对 0 Hz 的增大或减小值。

(1)按下 Preset。

(2)按下 Frequency→700→MHz。

(3)按下 Freq Ref Set(参考频率设置)。

(4)按下 RF On/Off(RF 开关)。

(5)按下 Frequency→IncrSe→1→MHz。

(6)按下向上箭头键。

(7)按下 Freq Offset(频率偏移)→1→MHz。

3.设置 RF 输出幅度

(1)按下 Preset。

(2)观察显示屏的 AMPLITUDE(幅度)区域。

(3)按下 RF On/Off(射频开/关)。

(4)按下 Amplitude→—20→dBm。

在按下另一个前面板功能键之前幅度一直是活动功能。也可以使用向上和向下箭头键和旋钮更改幅度。

4.设置幅度参考和幅度偏移

(1)按下 Preset。

(2)按下 Amplitude→—20→dBm。

(3)按下 More(1 of 2)→Ampl Ref Set(幅度参考设置)。

(4)按下 RF On/Off。

(5)按下 IncrSet→10→dB。这将把幅度增量值改为 10dB。

(6)使用向上箭头键使输出功率以每次 10dB 递增。

(7)按下 Ampl Off set→10→dB 幅度偏移。

5.配置扫描 RF 输出

信号发生器有两种扫描类型:步进扫描和列表扫描。

步进扫描:当激活步进扫描后,信号发生器将基于为 RF 输出的起始和停止频率以及幅度输入的值、许多要停留的等距点(步进)以及每个点的停留时间量,对 RF 输出进行扫描 RF 输出的频率、幅度或频率与幅度将从起始幅度/频率扫描到停止幅度/频率,而在每个等距点停留的时间则由♯Points(点数)软功能键值定义。

6.配置并激活单步进扫描

在本过程中将创建一个具有 9 个等距点以及下列参数的步进扫描。

频率范围从 500 MHz 到 600 MHz、幅度范围从—20 dBm 到 0 dBm,每点停留时间为 500 ms。

(1)按下 Preset。

(2)按下 Sweep/List。

(3)按下 Sweep Repeat Single Cont(扫描重复单连续)。

(4)按下 Configure Step Sweep(配置步进扫描)。

(5)按下 Freq Start(起始频率)→500→MHz。步进扫描的起始频率改为 500 MHz。

(6)按下 Freq Stop(停止频率)→600→MHz。步进扫描的停止频率改为 600 MHz。

(7)按下 Ampl Start(起始幅度)→—20→dBm。步进扫描开始的幅度电平。

(8)按下 Ampl Stop(停止幅度)→0→dBm。这将更改步进扫描结束的幅度电平。

(9)按下♯Points→9→Enter。这将把扫描点数设置为 9。

(10)按下 Step Dwell(步进停留)→500→msec。将每点停留时间设置为 500 ms。

(11)按下 Return 返回→Sweep 扫描→Freq&Ampl 频率和幅度。这将把步进扫描设置为既扫描频率数据也扫描幅度数据。选择此软功能键将返回到前一个菜单并打开扫描功能。

(12)按下 RF On/Off。显示屏指示符的状态将从 RFOFF 更改为 RFON。

(13)按下 Single Sweep 单扫描。

7.激活连续步进扫描

按下 Sweep Repeat Single Cont,这将把扫描从单扫描切换为连续扫描。此时可以从 RFOUTPUT 连接器获得在步进扫描中配置。

8.使用步进扫描数据配置列表扫描

在本过程中将利用步进扫描点编辑 List Mode Values 表编辑器中的若干个点,并更为列表扫描。

（1）按下 Sweep Repeat Single Cont,这将把扫描重复模式从连续切换到单一 SWEEP 指示符将关闭。在再次触发扫描之前将不会进行扫描。

（2）按下 Sweep Type List Step 扫描类型列表步进,这将把扫描类型从步进扫描切换为列表扫描。

（3）按下 Configure List Sweep,这将打开另一个菜单显示将用于创建扫描点的软功能键。显示屏会显示出当前的列表数据。

（4）按下 More(1 of 2)→Load List From Step Sweep(从步进扫描装入列表)→Confirm Load From Step Sweep(确认从步进扫描装入)。

9.编辑列表扫描点

（1）按下 Return→Sweep→Off 关。

关闭扫描可使您编辑列表扫描点而不会发生错误。如果编辑期间仍然打开扫描其间只要有一个或两个点参数频率功率和停留时间没定义就会出错。

（2）按下 Configure List Sweep。这将使您返回到扫描列表的表。

（3）使用箭头键突出度显示第 1 行中的停留时间。

（4）按下 EditItem。点 1 的停留时间就变成活动功能

（5）按下 100→msec。这将把输入的 100 ms 作为第 1 行的新停留时间请注意表中的下一项在这种情况下就是点 2 的频率值在您按下结束符软功能键后就成为突出显示项。

（6）使用箭头键突出显示第 4 行中的频率值。

（7）按下 Edit Item→545→MHz。这将把第 4 行中的频率值改为 545 MHz

（8）突出显示点 7 所在行中的任意一列并按下 Insert Row。这将在点 7 和点 8 之间插入新的一点。点 7 所在行的副本就放在点 7 和点 8 之间,这样就创建一个新的点 8 并重新为后续点编号。

（9）突出显示点 8 的频率项然后按下 Insert Item。

按下 Insert Item 将频率值从点 8 开始移动到下一行请注意,点 8 和点 9 的原始频率值都往下移一行,这就创建了点 10 的一个条目,该点此时只包含一个频率值(功率和停留时间项并没有往下移)。点 8 的频率就仍然处于活动状态。

（10）按下 590→MHz。

（11）按下 Insert Item→－2.5→dBm。这将在点 8 位置插入一个新的功率值并使点 8 和点 9 的原始功率值向下移动一行。

（12）突出显示点 9 的停留时间然后按下 Insert Item。这样会为点 9 插入突出显示的停留时间的副本并且现有值向下移动一行从而填写完点 10 的条目。

10.激活单扫描的列表扫描

（1）按下 Return→Sweep→Freq&Ampl。

（2）按下 Single Sweep。信号发生器将单扫描您列表中的点 SWEEP 指示符将在扫描期间处于激活状态。

（3）按下 More(1 of 2)→Sweep Trigger(扫描触发)→Trigger Key(触发键)。这一步会使在按下 Trigger 硬功能键时出现扫描触发。

(4)按下 More(2 of 2)→Single Sweep。这一步将使扫描处于待命状态 ARMED 准备好指示符处于激活状态

(5)按下 Trigger 硬功能键。信号发生器将单扫描您列表中的点并且 SWEEP 指示符在扫描期间将处于激活状态。

附 6.3 建立模拟调制

此信号发生器可以用四种类型的模拟调制对 RF 载波进行调制:幅度、频率、相位和、脉冲。可用的内部波形包括:

正弦波:具有可调幅度和频率。

双正弦波:具有可分别调节的频率以及用于第二音频的峰值幅度百分比设置仅可从函数发生器中得到。

扫描正弦波:具有可调起始和停止频率扫描时间和扫描触发器设置仅可从函数发生器中得到。

三角波:具有可调幅度和频率。

斜波:具有可调幅度和频率。

方波:具有可调幅度和频率。

附 6.3.1 配置 AM

在下面的过程中将学习如何创建具有以下特性的幅度调制 RF 载波。

1)载波频率设置为 1 340 kHz。

2)功率电平设置为 0 dBm。

3)AM 深度设置为 90%。

4)AM 速率设置为 10 kHz。

1.设置载波频率

(1)按下 Preset 预设。

(2)按下 Frequency 频率→1 340→kHz。此时显示屏的 FREQUENCY(频率)区域会显示 1.340 000 00 kHz。

2.设置 RF 输出幅度

按下 Amplitude(幅度)→0→dBm。此时显示屏的 AMPLITUDE(幅度)区域将显示0.00 dBm。

3.设置 AM 深度和速率

(1)按下 AM 硬功能键,此时将显示软功能键的第一级菜单。

(2)按下 AMDepth,(AM 深度)→90→%。90.0%会出现在 AMDepth 软功能键的下面。

(3)按下 AMRate,(AM 速率)→10→kHz。10.000 0 kHz 会出现在 AMRate 软功能键的下面。

4.打开幅度调制

信号发生器现在已经配置为输出 0 dBm,在 1 340 kHz 上进行幅度调制的载波,载波的 AM 深度设置为 90%,AM 速率设置为 10 kHz。波形为正弦波(请注意,正弦是 AM

Waveform(AM 波形)软功能键的默认值。按照下面的步骤输出幅度调制信号。

(1)按下 AM Off On AM 开关软功能键。AM 会从 Off 关切换为 On 开请注意 AM 显示指示符会打开指明您已经启用了幅度调制。

(2)按下前面板上的 RF On Off(RF 开关)键。此时 RFONRF 打开指示符被激活表明已经可以从 RF Out Put 连接器获得该信号。

附 6.3.2　配置 FM

在下面的过程中将学习如何创建具有以下特性的频率调制 RF 载波。

1)RF 输出频率设置为 1 GHz。

2)RF 输出幅度设置为 0 dBm。

3)FM 偏移设置为 75 kHz。

4)FM 速率设置为 10 kHz。

1.设置 RF 输出频率

(1)按下 Preset。

(2)按下 Frequency→1→GHz。

此时显示屏的 FREQUENCY 区域将显示 1.000 000 000 00 GHz。

2.设置 RF 输出幅度

按下 Amplitude→0→dBm,此时显示屏的 AMPLITUDE 区域将显示 0.00 dBm

3.设置 FM 偏移和速率

(1)按下 FM/ΦM。此时将显示 FM 软功能键的第一级菜单。

(2)按下 FMDev(FM 偏移)＞75＞kHz。75.000 0 kHz 会出现在 FMDev 软功能键的下面。

(3)按下 FMRate(FM 速率)＞10＞kHz。10.000 0 kHz 会出现在 FMRate 软功能键的下面。

4.激活 FM

(1)按下 FM Off On(FM 开关)。FM 指示符被激活,表明已经启用频率调制。

(2)按下 RF On/Off。

此时 RFON 指示符被激活,表明已经可以从 RFOUTPUT 连接器获得该信号。

附 6.3.3　配置 ΦM

在下面的过程中您将学习如何创建具有以下特性的相位调制 RF 载波。

1)RF 输出频率设置为 3.0 GHz。

2)RF 输出幅度设置为 0 dBm。

3)ΦM 偏移设置为 0.25π(弧度)。

4)ΦM 速率设置为 30 kHz。

1.设置 RF 输出频率

(1)按下 Preset。

（2）按下 Frequency→3→GHz。

此时显示屏的 FREQUENCY 区域将显示 3.00000000000 GHz。

2.设置 RF 输出幅度

按下 Amplitude 幅度→0→dBm。

此时，显示屏的 AMPLITUDE 区域将显示 0.00 dBm。

3.设置 ΦM 偏移和速率

（1）按下 FM/ΦM 硬功能键。

（2）按下 FMΦM 软功能键。此时将显示 ΦM 软功能键的第一级菜单。

（3）按下 ΦMDev→.25→pirad（派弧度）。这样就将 ΦM 偏移更改为 0.25π。

（4）按下 ΦMRate→10→kHz。这样就将 ΦM 速率设置为 10 kHz。

4.激活 ΦM

（1）按下 ΦM Off On。ΦM 指示符被激活表明您已经启用了相位调制。

（2）按下 RF On/Off。此时 RFON 指示符将被激活表明已经可以从 RFOUTPUT 连接器中获得该信号。

附 6.3.4　配置脉冲调制

在下面的过程中将学习如何创建具有以下特性的脉冲调制 RF 载波。

1）RF 输出频率设置为 2 GHz。

2）RF 输出幅度设置为 0 dBm。

3）脉冲周期设置为 100.0 μs。

4）脉冲宽度设置为 24.0 μs。

5）脉冲源设置为内部自激。

1.设置 RF 输出频率

（1）按下 Preset。

（2）按下 Frequency→2→GHz。

此时显示屏的 FREQUENCY 区域将显示 2.00000000000 GHz。

2.设置 RF 输出幅度

按下 Amplitude→0→dBm。此时显示屏的 AMPLITUDE 区域将显示 0.00 dBm。

3.设置脉冲周期和宽度

（1）按下 Pulse(脉冲)→Pulse Period→(脉冲周期 100)→usec。

（2）按下 Pulse→Pulse Width 脉冲宽度→24→usec

4.激活脉冲调制

（1）按下 Pulse Off On 脉冲开关。这样就会激活脉冲调制 Pulse(脉冲)指示符被激活，表明您已经启用了脉冲调制。

（2）按下 RF On/Off。

此时，RFON 指示符被激活表明已经可以从 RFOUTPUT 获得该信号。

附 6.3.5　配置 LF 输出

此信号发生器有一个低频(LF)输出。LF 输出的来源可以在内部调制源和内部函数发生器之间进行切换。如果使用内部调制(Internal Monitor(内部监视))作为 LF 输出源,LF 输出就可以提供用于调制 RF 输出的内部源信号的复制信号。此信号的特定调制参数是通过 AM、FM 或 ΦM 菜单进行配置的。

如果使用函数发生器作为 LF 输出源,内部调制源的函数发生器部分就可以直接驱动 LF 输出。频率和波形是通过 LF 输出菜单而不是通过 AM、FM 或 ΦM 菜单配置的。

1.用内部调制源配置 LF 输出

在本例中内部 FM 调制是 LF 输出源。注意内部调制(Internal Monitor)是默认的 LF 输出源将内部调制配置为 LF 输出源。

(1)按下 Preset。

(2)按下 FM/ΦM 硬功能键。

(3)按下 FM Dev→75→kHz。这样就将 FM 偏移设置为 75 kHz。

(4)按下 FM Rate→10→kHz。这样就将 FM 速率设置为 10 kHz

(5)按下 FM Off On。FM 指示符被激活表明您已经启用了频率调制。

2.配置低频输出

(1)按下 LF Out(LF 输出)硬功能键。这样就会打开 Low Frequency Output 低频输出菜单 LF 输出源默认设置为内部调制。

(2)按下 LF Out Amplitude LF 输出幅度→3→V_{PP}。这样就将 LF 输出幅度设置为 3 V_{PP}。3.000 V_{PP} 会出现在 LF Out Amplitude 软功能键的下面。

(3)按下 LF Out Off On。LF 输出是一个 3 V_{PP} 频率调制的正弦波默认的信号形状其偏移为 75 kHz。FM 速率为 10 kHz。

3.用函数发生器源配置 LF 输出

(1)按下 Preset。

(2)按下 LF Out 硬功能键。

(3)按下 LF Out Source(LF 输出源)→Function Generator。

函数发生器将成为 LF 输出源并且会在 LF Out Source 软功能键下面显示 Func Gen 函数发生器。

4.配置波形

(1)按下 LF Out Waveform(LF 输出波形)→Swept - Sine(扫描正弦波)

这样就可以创建扫描正弦波输出并打开一个菜单通过它配置该扫描正弦波信号的扫描参数。

(2)按下 LF Out Start Freq(LF 输出起始频率)→100→Hz。

(3)按下 LF Out Stop Freq(LF 输出停止频率)→1→kHz。

(4)按下 Return(返回)→Return。

5.配置低频输出

(1)按下 LF Out Amplitude→3→V_{PP}。这样就将 LF 输出幅度设置为 3 V_{PP}。

(2)按下 LF Out Off On。这样就会激活 LF 输出。该 LF 输出是 3 V_{PP} 的扫描正弦波形扫描范围为 100 Hz 到 1 kHz。

附 6.4 建立组件测试的数字调制

附 6.4.1 蓝牙信号

1.在 ESG 上访问蓝牙设置菜单

(1)按下 Preset,然后按下 Mode→More(1of2)(更多(第 1 页,共 2 页))→Wireless Networking(无线网络)→Bluetooth(蓝牙)。注意！在本节中频率和幅度都设置为典型的蓝牙值。

(2)按下 Frequency→2.402→GHz>Amplitude→10→dBm>ModeSetup

蓝牙菜单的屏幕如附图 6.5 所示。

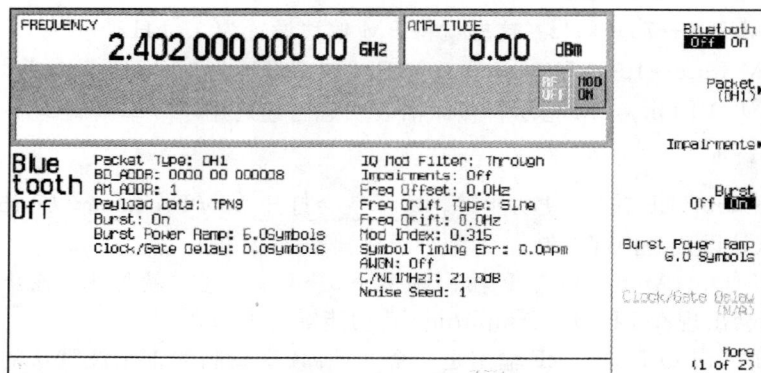

附图 6.5　显示了蓝牙菜单的屏幕

2.设置数据包参数

信号发生器将 DH1(数据高率)数据包用于蓝牙格式。DH1 数据包是在微微网络中传输的信息包,它的跨度只有一个时隙。这种数据包括 3 个实体:访问代码、信头信息和净荷。在下面的示例中您将设置 DH1 数据包的参数。

(1)按下 Packet(DH1)数据包(DH1)。这将打开一个菜单在其中可以设置数据包参数。

数据包菜单如附图 6.6 所示。

(2)按下 BD_ADDR→000000001000→Enter。

这将修改蓝牙设备的十六进制地址。每个蓝牙设备收发信机都分配有一个唯一的 48 比特蓝牙设备地址。该地址是从 IEEE802 标准得出的。对于字母字符的地址,请使用软功能键和小键盘进行数据输入。

(3)按下 AM_ADDR→4→Enter。这将设置活动的成员地址,并用于区分微微网络上的活动成员。

注意:全部为零的 AM_ADDR 将保留用于广播消息。

(4)按下 Payload Data(净荷数据)→8 Bit Pattern(8 比特码型)→10101010→Enter。这将

选择重复的 8 bit 码型作为净荷数据。

新的数据包参数如附图 6.7 所示。

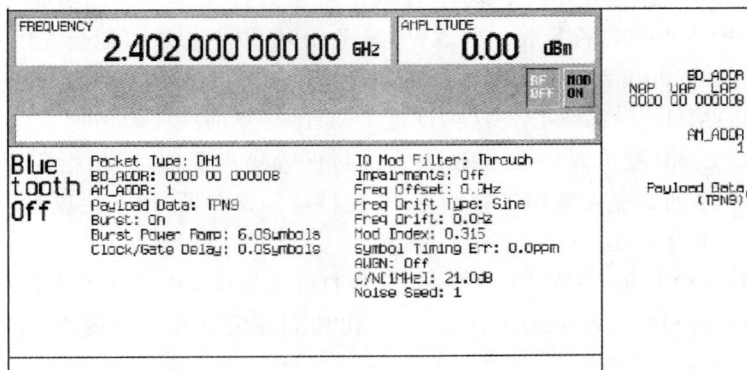

附图 6.6　显示了数据包菜单

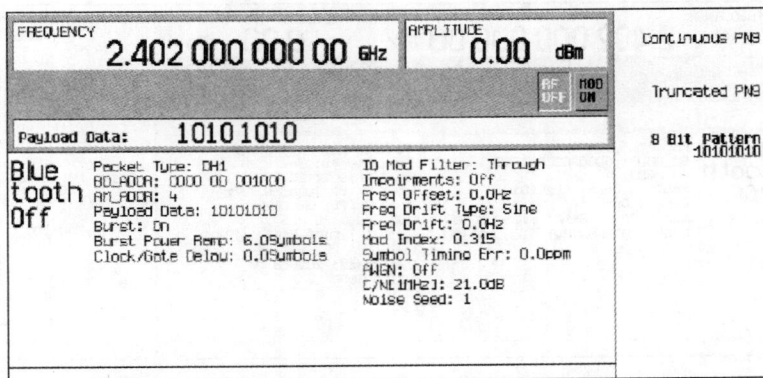

附图 6.7　显示了新的数据包参数

3.设置劣化功能

在下面的示例中将设置劣化功能的参数。

(1)按下 Return→Return→Impairments(劣化功能)。这将打开一个菜单使您可以设置劣化功能。

(2)按下 Freq Off Set(频率偏移)→25→kHz。

(3)按下 Freq Drift Type Linear Sine(频率漂移类型线性正弦)。

这会将频率漂移类型设置为线性。线性频率漂移将在一定时间段内发生,该时间段等于一个完全负载的 DH1 数据包的持续时间,而不管该数据包的长度是多少。默认的设置是在载波中心频率的基础上加上或减去正弦漂移偏移。

(4)按下 Drift Deviation(漂移偏移)→25→kHz。这将设置载波频率的频率漂移的最大偏移

(5)按下 Mod Index 调制指数→325→Enter。调制指数定义为峰峰频率偏移与比特率之间的比。在修改 Mod Index(调制指数)参数时只更改峰峰频率偏移。

(6)按下 Symbol Timing Err 符号定时错误→1→ppm。这将设置每百万次出现的符号定时错误

(7)按下 AWGN。这将打开一个菜单,在其中可以选择要作为劣化功能应用于蓝牙信号的附加白高斯噪声(AWGN)的参数。当 AWGN 关闭时,以下参数可能会发生更改,但是只有在 AWGN 和 Impairments 都为 On 的情况下才能应用。

1)按下 C/N[1MHz]→20→dB。这将设置 1 MHz 带宽的载波噪声比。

2)按下 Noise Seed(噪声源)→2→Enter。这将设置噪声源值,用于指定要添加到基本蓝牙信号的特定噪声序列。噪声源用于初始化 16 比特移位寄存器,用于生成噪声。不同的噪声源生成不同的噪声组合

3)按下 AWGN Off On(AWGN 开关)。这将打开 AWGN 作为蓝牙劣化功能。

(8)按下 Return→Impairments Off On。劣化功能开关这样就会返 Impairments 菜单并打开劣化功能

劣化功能参数如附图 6.8 所示。

(9)按下 Return。

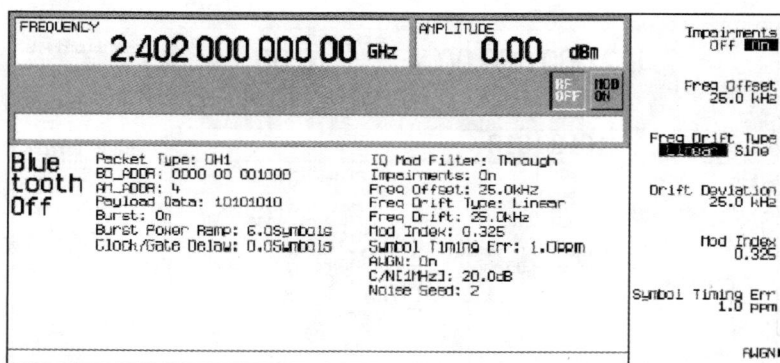

附图 6.8　显示了劣化功能参数

4.使用脉冲串

当打开脉冲串时,信号功率在传输数据包之前呈上升趋势,当数据包传输结束时则呈下降趋势。当关闭脉冲串时传输的数据包连成一串,且没有功率斜率。默认情况下脉冲串设置是打开的。但是为了进行故障排除您可能需要关闭脉冲串。

5.设置脉冲串功率斜率

按下 Burst Power Ramp(脉冲串功率斜率)→4→Symbols(符号)。

这样在传输数据包的第一个符号之前将功率斜率的持续时间设置为 4 个符号。

6.使用时钟/选通延迟

只有当净荷数据是连续的 PN9,并且在误码率(BER)测试期间使用时,才可以使用此功能。

(1)按下 Packet(DH1)→Payload Data→ContinuousPN9(连续 PN9)→Return 这将激活生成相对于蓝牙信号的时钟和选通信号的配置。

(2)按下 Clock/Gate Delay(时钟/选通延迟)→4→Symbols。

时钟和选通将延迟 4 个符号,以便与 BER 分析仪输入处的待测设备(DUT)中的解调数据信号同步。

7.打开蓝牙信号

按下 Bluetooth Off On(蓝牙开关)。这将开启蓝牙波形发生器的工作状态。

前面板 I/Q 和 BLUETTH 指示符将出现,并生成波形。

蓝牙波形参数如附图 6.9 所示。

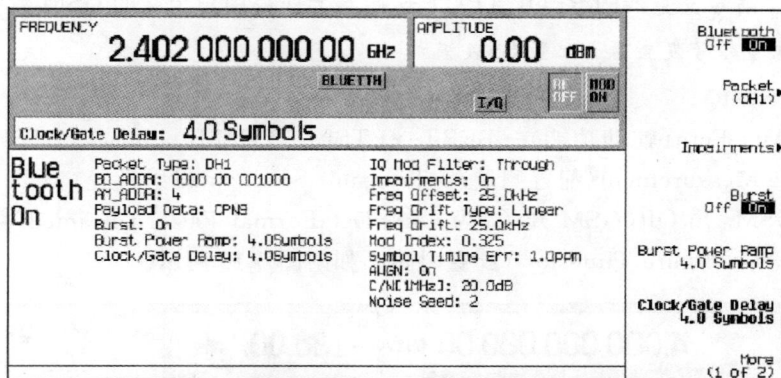

附图 6.9　显示了蓝牙波形参数

附 6.4.2　GSM 成帧调制

1.激活成帧数据格式

(1)按下 Preset。

(2)按下 Mode→Real Time TDMA→GSM→Data Format Pattern Framed。

2.配置第一个时隙

(1)按下 Configure Timeslots→Timeslot Type→Access(访问)。

(2)按下 Configure Access(配置访问)→E→FIX4。

(3)按下 1010→Enter→Return→Return。

3.配置第二个时隙

(1)按下 Timeslot ♯→1→Enter。

(2)按下 Timeslot Type→Custom。

(3)按下 Configure Custom→Other Patterns(其他码型)→81's&80's(81 码型和 80 码型)。

(4)按下 Timeslot Off On→Return。

4.生成波形

按下 GSM Off On(GSM 开关)。

这将生成具有一个活动访问时隙(♯0)和一个活动定制时隙(♯1)的 GSM 波形。将

GSM 软功能键更改为 On。生成波形期间 GSM，ENVLP，(GSMENVLP)和 I/Q 指示符将被激活，而且用户定义的数字调制状态将存储在码型 RAM 存储器中。此时波形正在调制 RF 载波。

5.配置 RF 输出

(1)按下 Frequency→891→MHz。

(2)按下 Amplitude→－5→dBm。

(3)按下 RF On/Off。

此时即可在信号发生器的 RFOUTPUT 连接器上获得用户定义的 GSM 数字调制状态。

6.在 ESG 矢量信号发生器上配置 GSM 模式

(1)按下 Preset。

(2)按下 Aux Fctn(辅助功能)→BERT→BTSBERTGSMLoopback(BTSBERTGSM 环回)→Configure Measurement(配置测量)→Transmit Settings(发射设置)。

(3)按下 GSM On Off(GSM 开关)为 On→DataFormat Pattern Framed(数据格式码成帧)为 Framed→Configure Timeslots(配置时隙)，如附图 6.10 所示。

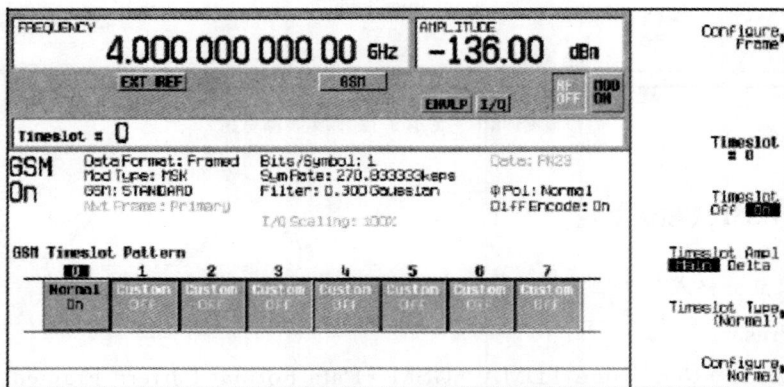

附图 6.10 显示 GSM 菜单的屏幕

(4)按下 Timeslot Off On(时隙开关)为 Off。

(5)按下 Timeslot ♯→2→Enter。

按下 Timeslot Type(时隙类型)→Normal(正常)。

(6)按下 Return→Return→Return→Timeslot Off On 为 On。

(7)按下 Timeslot ♯→1→Enter。

按下 Timeslot Type→Normal→Configure Normal→E→Multiframe Channel→TCH/FS→PN9(或 PN15)。

按下 Return→Return→Return→Timeslot Ampl Main Delta(时隙幅度主增量)为 Delta(增量)→Timeslot Off On 为 On。

(8)按下 Amplitude→More(1 of 2)→Alternate Amplitude(备用幅度)→AltAmpl Delta(备用幅度增量)→50→dB。

(9)在 GSM 模式中设置业务信道 124，具体操作如下。

1)按下 Frequency→More(1 of 2)→Freq Channels。

2)按下 Device(BTSMS)toMS→Channel Band→GSM/EDGEBands→(P‐GSM Mobile P‐GSM 移动)。

3)按下 Freq Channels Off On 为 On。

4)按下 Channel Number(信道编号)→124→Enter。

请参见附图 6.11,活动条目域显示如下。

Channel:124(914.80000000MHz)。

(10)按下 Amplitude→－95→dBm。

(11)按下 Mode Setup→RF On/Off,结果如附图 6.12 所示。

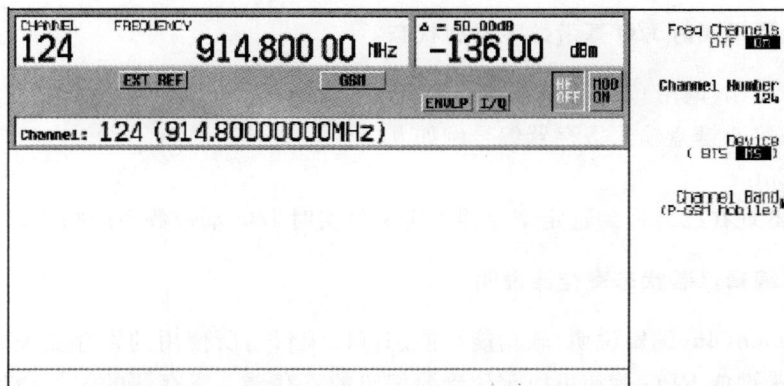

附图 6.11　活动条目域显示

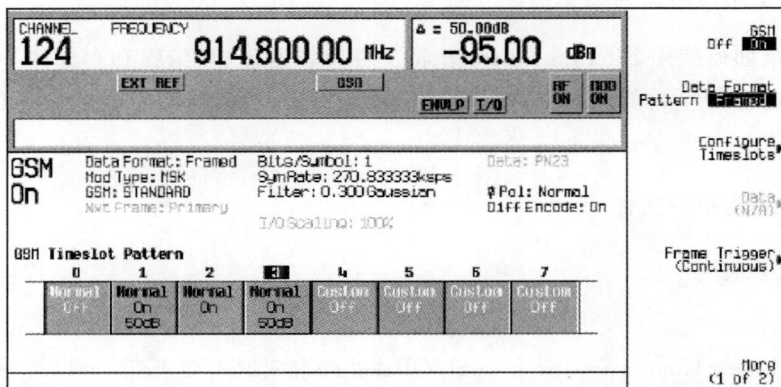

附图 6.12　显示了 RF 输出幅度参数

附 6.4.3　使用具有数字调制状态的仪器状态寄存器

仪器状态寄存器是存储器的一部分,存储器分为 10 个序列,编号为从 0~9 每个序列包含 100 个寄存器,编号为从 00~99。它用于存储和调用 RF 输出幅度频率和数字调制设置。当在不同的信号配置之间切换时它提供了一种快捷的方式,可通过前面板或 SCPI 命令来重新配置信号发生器。一旦保存了仪器状态那么只需很少的操作即可调用所有的频率幅度和调制设置。

附 6.4.4   存储实时 I/Q 基带数字调制状态

(1)按下 Save 保存硬功能键。
(2)按下 Select Reg：选择寄存器并旋动旋钮直到寄存器编号旁边出现"available(可用)"。
(3)按下 SAVE 软功能键。在 Saved States 已保存状态目录中该寄存器编号将突出显示。
(4)按下 Add Comment To 添加说明。
(5)使用字母键和数字小键盘输入描述性的说明例如 EDGE1。
(6)按下 Enter，实时 I/Q 基带数字调制状态现在已经存储在仪器状态寄存器中。

附 6.4.5   调用实时 I/Q 基带数字调制状态

(1)按下 Recall(调用)→RECALLReg 调用寄存器。
(2)使用数字小键盘输入寄存器编号例如 01。
(3)按下 Enter。
信号发生器现在已经回到选定寄存器中定义的实时 I/Q 基带数字调制状态参数。

附 6.4.6   编辑仪器状态寄存器说明

Edit Comment In(编辑说明)软功能键使您可以编辑与所使用的寄存器关联的说明。使用前面板的箭头键或 RPG 旋钮可以定位到要编辑的寄存器。寄存器的编号会列在显示屏的文本区域中并且每个编号后都紧跟着各自的说明。

附 6.4.7   使用比特文件编辑器

此过程介绍如何使用 Bit File Editor 比特文件编辑器创建、编辑和存储用户定义的文件，以便在实时 I/Q 基带生成的调制中进行数据传输。对于此例，将以定制数字通信格式定义一个用户文件。

附 6.4.8   创建用户文件

1.访问表编辑器
(1)按下 Preset。
(2)按下 Mode→Custom→Real TimeI/QBaseband(实时 I/Q 基带)→Data→User File(用户文件)→CreateFile(创建文件)。
这将打开 Bit File Editor，它包含 3 个列：Offset(偏移)、Binary Data(二进制数据)和 Hex Data(十六进制数据)，还包含光标位置(Position(位置)和文件名 Name(名称)指示符，如附图 6.13 所示。
输入比特值，如附图 6.14 所示。
(3)如附图 6.14 所示，输入 32 比特值。
在表编辑器中，比特数据是以 1 比特格式输入的。二进制数据的当前十六进制值显示在 Hex Data 列中，光标位置(十六进制)显示在 Position 指示符中。

偏移　　比特数据　　光标位置　　十六进制数据　　文件名指示符
（十六进制）　　　　指示符
　　　　　　　　　（十六进制）

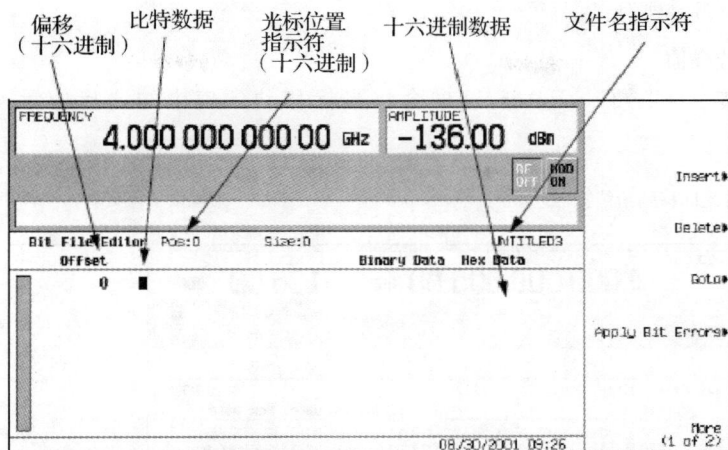

附图 6.13　显示表编辑器的屏幕

输入这些比特值　　　光标位置指示符　　　十六进制数据

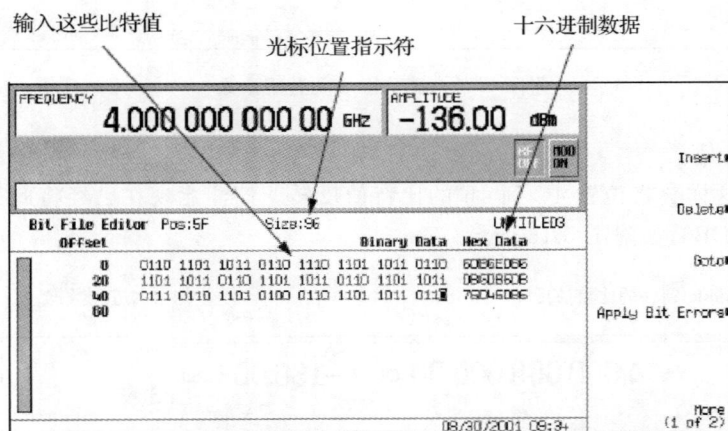

附图 6.14　显示输出比特值

2.重命名和保存用户文件

(1)按下 More(1 of 2)→Rename(重命名)→Editing Keys(编辑键)→Clear Text(清除文本)。

(2)使用字母键和数字小键盘输入文件名(例如 USER1)。

(3)按下 Enter。

现在已经将用户文件重命名为 USER1 并将其存储到 Bit 比特存储器目录中。

3.调用用户文件

(1)按下 Preset。

(2)按下 Mode→Custom→Real TimeI/Q Baseband→Data→User File。

(3)突出显示文件 USER1。

(4)按下 EditFile(编辑文件)。Bit File Editor 将打开文件 USER1。

4.修改现有的用户文件

(1)定位到比特值。

按下 Goto 转至→4→C→Enter,这样会将光标移动到表中的比特位置 4C,如附图 6.15 所示。

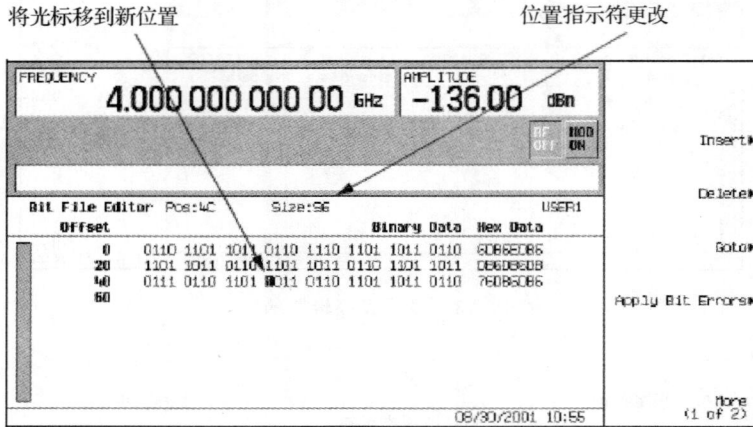

附图 6.15　显示修改现有用户文件

(2)反转比特值。

按下 1011,这样会将位置 4C 到 4F 的比特值反转。请注意现在已经将此行的十六进制数据更改为 76DB6DB6,如附图 6.16 所示。

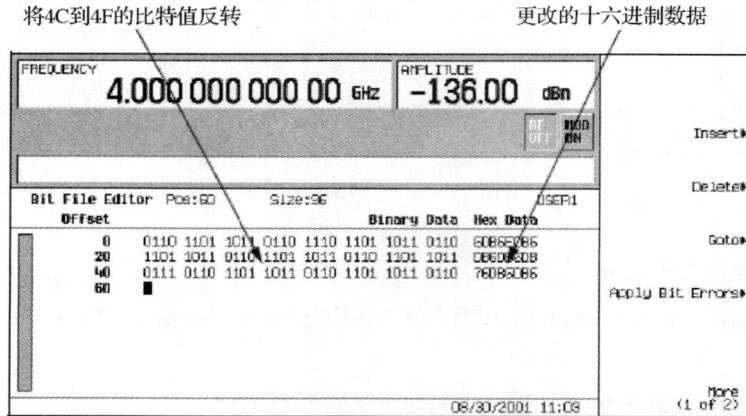

附图 6.16　显示 4C 到 4F 的比特值反转

5.将误码加到一个用户文件中

(1)按下 Apply Bit Errors(加误码)。

(2)按下 Bit Errors(误码)→5→Enter。

(3)按下 Apply Bit Errors。

请注意现在两个 Bit Errors 软功能键都已经更改了它们链接的值。

附 6.5　故障排除

附 6.5.1　无法关闭帮助模式

(1)按下 Utility→Instrument Info/Help Mode(仪器信息/帮助模式)

(2)按下 Help Mode Single Cont(帮助模式单连续),直到突出显示 Single(单)信号发生器有两个帮助模式单模式和连续模式。

附 6.5.2　无 RF 输出

(1)检查显示屏上的 RF ON/OFF(RF 开关)指示符。

(2)如果显示的是 RF OFF(RF 关)按下 RF On/Off 将 RF 输出切换到打开状态。

附 6.5.3　在 RF 输出中没有调制信号

(1)检查显示屏上的 MOD ON/OFF(MOD 开关)指示符。如果显示的是 MOD OFF(MOD 关)时,按下 Mod On/Off 将切换到调制打开状态。

(2)虽然您可以设置和启用各种调制,但只有将 Mod On/Off 也设置为 On(开)时才能调制 RF 载波。

(3)对于数字调制请确保 I/Q Off On(I/Q 开关)设置为 On。

附 6.5.4　RF 输出功率太低

(1)在显示屏的 AMPLITUDE(幅度)区域中查找 OFFS(偏移)或 REF(参考)指示符。

(2)OFFS 表明已经设置了幅度偏移。幅度偏移会改变显示屏的 AMPLITUDE 区域中显示的值,但不会影响输出功率。显示的幅度等于信号发生器的当前功率输出加上偏移,的值要消除偏移请按下以下键。

Amplitude→More(1 of 2)(更多(第 1 页,共 2 页)→Ampl Offset(幅度偏移)→0→dB。REF 表明激活了幅度参考模式。如果打开了此模式,则显示的幅度不是输出功率电平,而是信号发生器的当前功率输出减去 Ampl Ref Set 幅度参考设置软功能键设置的参考值。

要退出参考模式请执行以下步骤。

1)按下 Amplitude→More(1 of 2)。

2)按下 Ampl Ref Off On 幅度参考开关直到突出显示 Off(关)。

然后您可以将输出功率复位到所需的电平。

附录 7　MAX＋PLUS Ⅱ 介绍

7.1　软件简介及安装

1. 软件简介

Max＋plus Ⅱ 教学版软件是免费的,你需要到 Altera 公司的网页去申请一个授权号(软件安装部分有详细说明)。其正式(商业)版需要到 Altera 公司的中国代理购买,它带有一个软件狗,需置于计算机并行口上。开放版支持仿真和时序分析、VHDL 语言设计。

2. 软件的安装

该软件运行在 Windows 操作系统下,软件的安装步骤如下。

(1)将光盘插入 PC 机光驱,假定您的光驱号为 E:。

(2)运行 E:\maxplusII10.0\full\setup.exe 文件。

(3)运行 setup.exe 文件后如附图 3.1 所示。

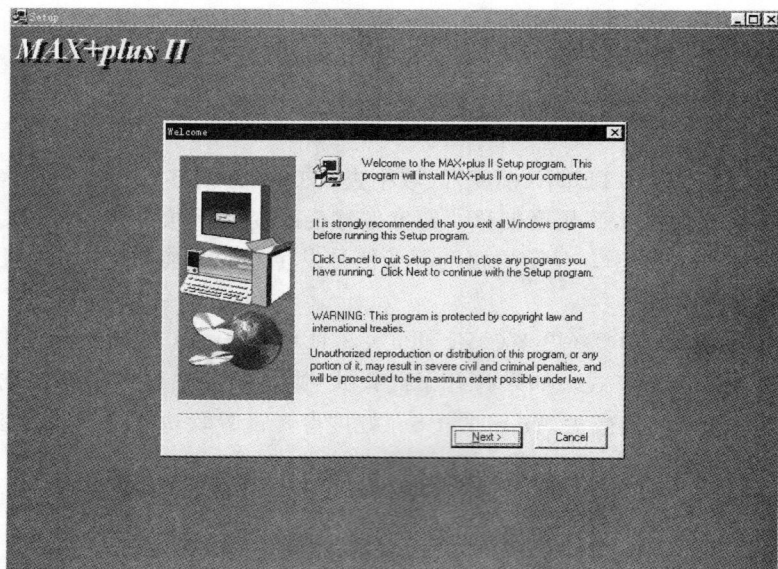

附图 7.1　安装启动界面

(4)按 Next,并选择 Yes 接受协议,出现附图 7.2。

(5)单击 Browse 按钮,选择安装路径(假设为 d:\),按下 Next,直到安装完成。这时该软件自动在 d:\生成 maxplus2 等文件夹,如附图 7.3 所示。

(6)将光盘里随机附送的 LICENSE.DAT 文件拷贝至安装后的 D:\maxplus2 软件包根目录下即可。注意:license.dat 文件来自于 Altera 网站授权或代理商授权。

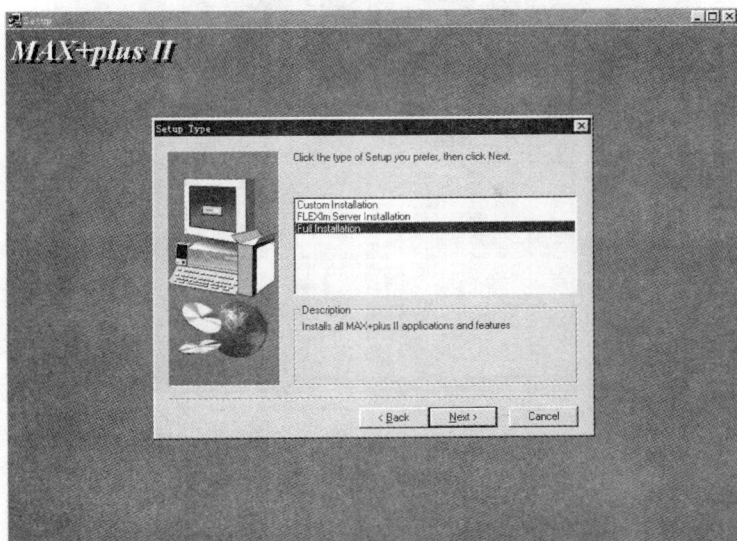

附图 7.2　安装设计界面

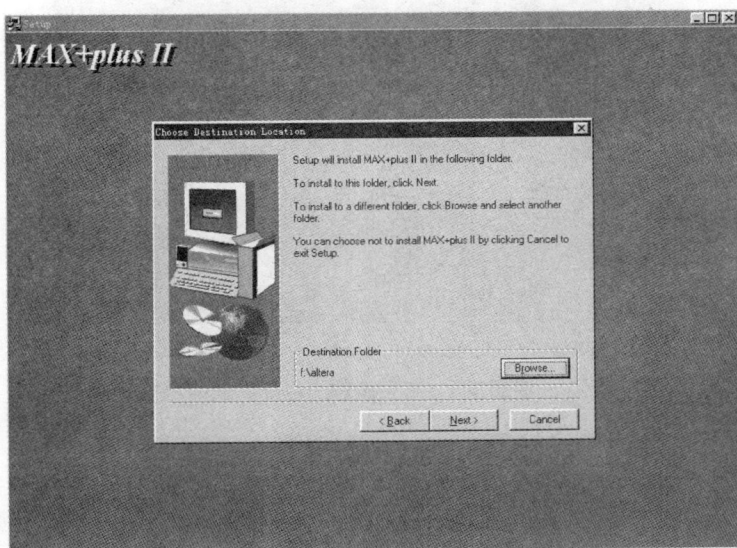

附图 7.3　安装路径选择界面

　　(7)点击 windows 程序组下的 altera\\![icon] maxplusII 10.0 图标,启动本软件,如附图 7.4 所示。注意:第一次启动软件会有几个对话窗口,提示没有安装 License 文件或软件狗,并附有其公司网址及如何申请 license 授权文件等详细说明。

　　(8)选择并点击 Options\license setup 菜单,如附图 7.5 所示。

　　单击 license setup,使用 Browse 浏览指出 license.dat 文件所在路径。即:当初拷贝 license.dat 文件后的路径 d:\maxplus2\license.dat,如下图 7.6 所示。

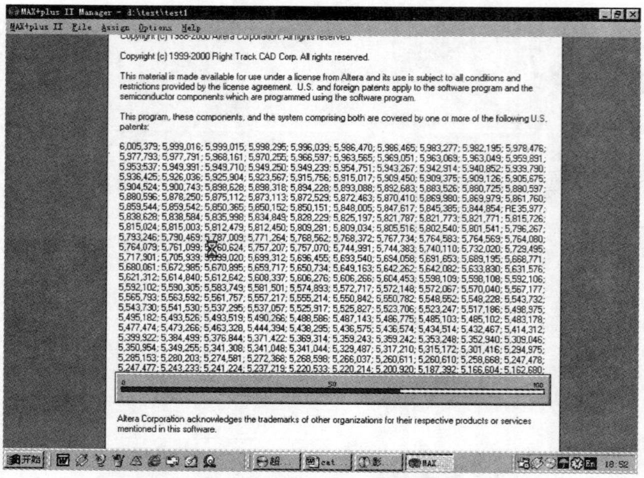

附图 7.4　软件启动界面

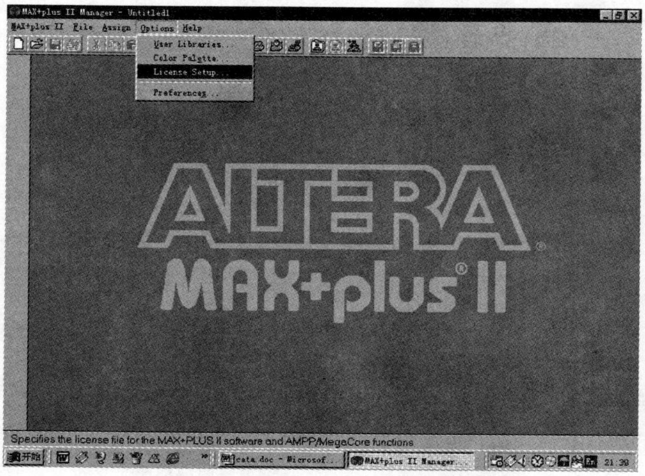

附图 7.5　第一次进入软件界面

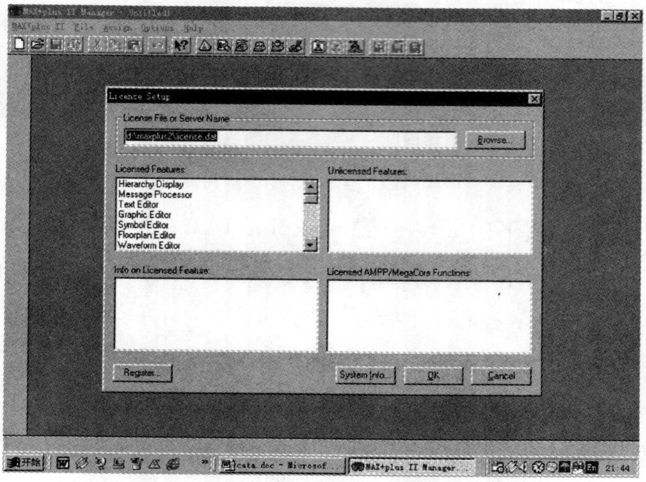

附图 7.6　指定授权文件界面

（9）点击 ok 按钮确认即可，至此你已经成功地完成了整个软件的安装。

注意:本安装过程以其 10.0 版本为例介绍的，其他版本安装过程类似。

7.2　器件的编程下载

器件的编程下载步骤如下。

（1）启动 MAX＋plus II \ Programmer 菜单或点击快捷图标，如果是第一次启用的话，将出现如图 7.7 所示的对话框，请你填写硬件类型。在"Hardware Type"提示窗中选择"byte blaster"，在"Parallel Port"提示窗出现"Lpt1:0x378"，并按下 OK 确认即可，如附图 7.8 所示。

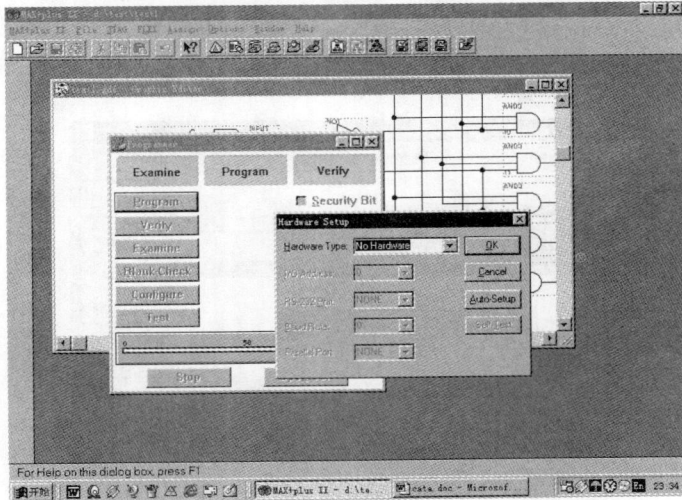

附图 7.7　器件下载窗口

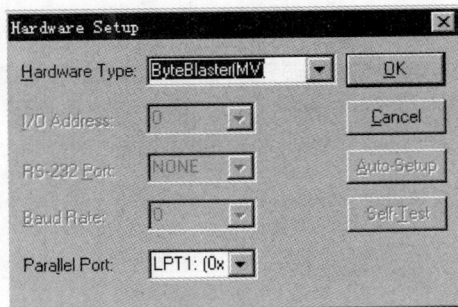

附图 7.8　下载口选择

（2）选中主菜单下的 JTAG \ Multi－Device JTAG Chain 菜单项（第一次起用可能回出现问话筐，视实际情况回答确认）。

（3）启动 JTAG \ Multi－Device JTAG Chain Setup…菜单项，如图 7.9 所示。

（4）点击"Select Programming File…"按钮，选择要下载的.Pof 文件（CPLD 器件的下载文件后缀是.Pof，FPGA 器件的下载文件后缀是.sof）。然后按 Add 加到文件列表中，如附图 7.10 所示。如果不是当前要下载编程的文件的话，请使用 Delete 将其删除。

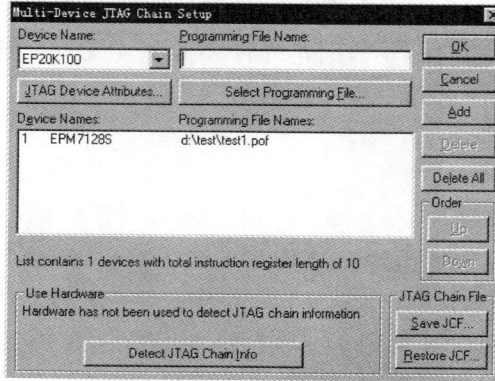

附图 7.9　下载文件选择窗口

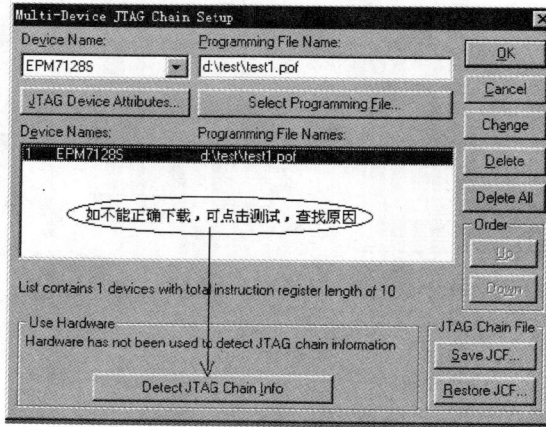

附图 7.10　添加下载文件

（5）选择完下载文件以后，单击 OK 确定，出现如附图 7.11 所示的下载编程界面。

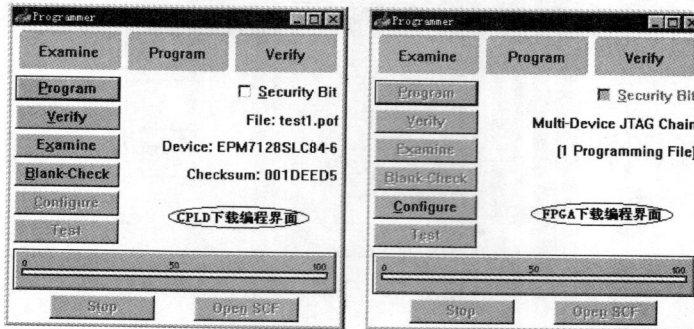

附图 7.11　下载文件窗口

　　（6）单击 Program 按钮，进行下载编程（如是 FPGA 芯片，请点击 Configure），如不能正确下载，请点击如附图 7.10 所示的 Detect jtag chain info 按钮进行 JTAG 测试，查找原因，直至完成下载，最后按 OK 退出。至此，你已经完成了可编程器件的从设计到下载实现的整个过程。

　　说明：本书因篇幅和编者水平有限，其软件的其它应用不能一一在此介绍，有关程序及软件将作为免费资源提供给广大读者，如需要可联系出版单位免费索取。

附录8　失真度仪的使用

8.1　简要介绍

GAD—201G 自动失真测试仪的设计是用在测量信号的总体失真度,测量范围从 20 Hz～20 kHz,最小满刻度档位为 0.1％。它具有自动调谐、自动选档和自动准位控制电路。

此仪表应用两个指示表可同时进行准位和失真度的测量。在准位和失真度的测量中,自动以弹簧片继电器选择适合的档位。此仪表也配有选择固定频率的功能,固定频率的功能可适切地测量像 FM/AM 收音机,立体声放大器,录音机等的无线电设备的失真因子。

8.2　面板介绍

前面板如附图 8.1 所示。后面板如附图 8.2 所示,面板上各接钮使用说明如下。

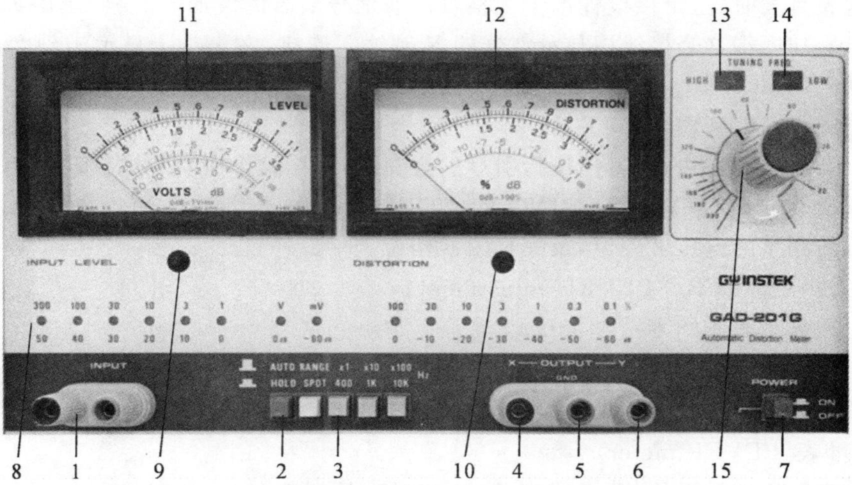

附图 8.1　前面板

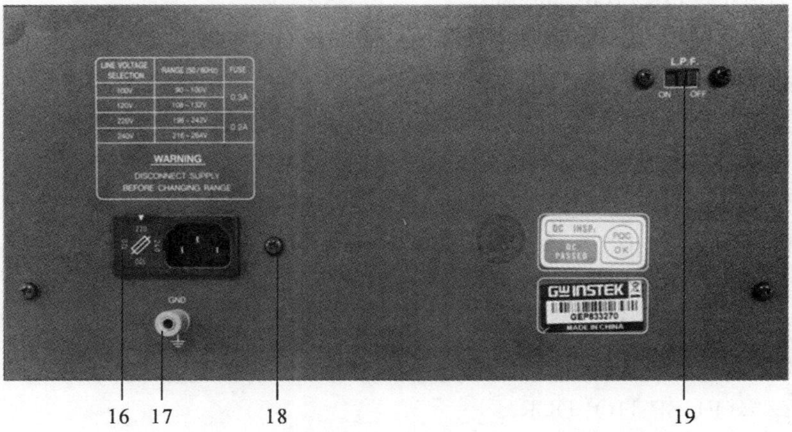

附图 8.2　后面板

1. 输入端子(INPUT terminals)

此端子用于测量失真度因子和交流电压值。

2. 自动和固定文件位功能的选择(auto AND HOLD FUNCTION selectors)

此按钮用于自动选择或固定测试中所设定的文件位两种功能。

3. 功能和频率文件位选择(FUNCTION andFREQUENCY RANGE selectors)

选择 RANGE 时,配合 X1,X10,X100,按任一键,并将 15 旋钮设定在 20 Hz～20 kHz 内。选择 STOP 时,可在 400,1k,10k 中选择一文件固定频率测试。

4. X 轴输入端子(X‒OUTPUT terminal)

这个接线柱端子用于观察信号波形。当观察"李萨如"图形(Lissajous' figure)时,将这个接线柱与示波器的 X 轴输入端链接。表头上显示满刻度位置的输出电压大约为 1 Vrms。

5. 地线输出端子(GAD OUTPUT terminal)

当使用 X 轴和 Y 轴输出时,此地线输出端子必须接地。

6. Y 轴输出端子(Y‒OUTPUT terminals)

在测量失真度时,这个接线柱用于观察全谐波信号输出的波形。观察"李萨如"图形(Lissajous' figure)时,将这个接线柱与示波器的 Y 轴输入连接,在表头上显示满刻度位置的输出电压约为 0.5 Vrms。

7. 电源开关(POWER SWITCH)

将这个开关推到左边,测量档位指引灯 8 会亮起,表示这个失真测试仪已启动。

8. 测量档位指引灯(MEASURING RANGE pilot lamps)

指示目前测量的电压文件位,及失真因素档位。

9. 零位准调整(ZERO LEVEL adjustment)

调整电压显示表头归零用。

10. 零失真调整(DISTORTION ZERO adjustment)

调整失真因素表头归零用。

11. 位准表(LEVEL meter)

该指示表用于测量平均值,显示正弦波有效值,其刻度有 0～1.12、0～3.5、-20～+1 dB 和-20～+3.2 dBm 四项。

12. 失真表(DISTORTION meter)

表头指示的刻度有 0～1.12%、0～3.5%、-20～+1dB 三项。

13. 高指引灯(调谐频率)(HIGH PILOT LAMP,TUNING FREQ)

此灯亮起表示输入信号的基频高于阻波滤波的基本信号的中心频率比。

14. 低指引灯(调谐频率)(LOW PILOT LAMP,TUNING FREQ)

此灯亮起表示输入信号的基频低于阻波滤波的基本信号的中心频率。

15. 调谐频率设置旋钮(TUNING FREQ. Setting knob)

此旋钮的作用是调整频率而取得所需求的测量频率。

16. 电源线(POWER CORD)

用于连接任何额定的交流电源。

17. 保险丝座(FUSE HOLDER)

用于线路保护。

18. 接地端子(GROUND terminal)

用于机壳接地。它连接到机壳与信号输入的接地端。

19. L.P.F(低通滤波)开关(L.P.F. SWITCH)

该滑动开关能够选择-3 dB 频率为 100 kHz 的低通滤波功能。

8.3　操作说明

(1)打开电源。

1)将电源开关置于"OFF"的位置。

2)检查指针零设定。如果偏移,需用小螺丝刀调节面板中央的归零螺丝 9,10。

3)将电源开关置于"ON"的位置。

(2)在施加输入信号之前注意事项。

1)在输入 100 V 以上电压时,需要将档位 HOLD 在 300 V 档。

2)任何大于 350 Vrms 的输入信号将会损坏仪器。请先用另外的电压表测量以确定输入信号小于 350 Vrms。

(3)交流电压测量。

1)当连接信号到输入端子时,它将自动选择适当档位,以档位测量 8 指引灯表示目前档位。

2)可从表头上的刻度盘上取得读值。

(4)分贝刻度的使用。

显示在档位测量 8 指引灯的下面数字,相对应于分贝刻度。其档位从 0～+50 dB。当档位在 1～300 V 时,其分贝值与读值一致;档位在 1～300 mV 时,其分贝值为读值再减 60 dB。

(5)失真测量。

为了抑制主要的谐波,这个失真表需要调整频率的陷波滤波器。这个一起有自动位准控制和自动同步功能。但必须调整频率做连续测量的功能。

1)使用频率文件位选择设定输入的基本频率文件:

a. ×1…………20～200 Hz;

b. ×10…………200～2k Hz;

c. ×100…………2～20 kHz。

2)设定调谐频率旋钮 15,高指引灯 13 和低指引灯 14,将表头读数减至最小。

3)如输入信号的基本频率等于仪器的基本频率时,观察"高"和"低"的指引灯,检查频率指引灯的亮暗。当"高"的灯是亮的时候,向左转动旋钮,当"低"的灯是亮的,向右转动旋钮,以增加或减少基本频率,然后关闭这两个指引灯。

4)当示波器接在 4,5,6 的 X 输出及 Y 输出接线柱时,并当表头指针指示满刻度位置在 100%文件时,可观察到如附图 8.3(a)所示的"李萨如"图形(Lissajous - figures)。之后调整 TUNING FREQ15 旋钮得到附图 8.3 中(b)和附图 8.36(c)的图形。

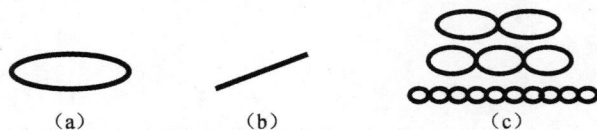

(a)　　　　(b)　　　　(c)

附图 8.3　"李萨如"图形

(a)图形 1;(b)图形 2;(c)图形 3

（6）X－Y 输出端子的使用。

施加一个外部信号到任何一个输出端子，都会损坏这部失真测试仪。绝对禁止将任何外部信号施加到这部仪器的输出端子上。

注：本使用说明参考固纬电子实业有限公司 GAD－201G 失真仪操作手册。

参 考 文 献

[1]　张会生,张捷,李立欣.通信原理[M].北京:高等教育出版社,2011.

[2]　潘长勇,王劲涛,杨知行.现代通信原理实验[M].北京:清华大学出版社,2005.

[3]　王福昌,潘晓明.通信原理实验[M].北京:清华大学出版社,2007.

[4]　刘军.通信原理与电路实验指导书[M].北京:中国人民公安大学出版社,2010.

TONGXIN YUANLI SHIYAN BAOGAO CE

通信原理实验报告册

张会生　赵瑄　孟昭红　编

西北工业大学出版社

【内容简介】　本书是根据"通信原理"课程教学大纲要求编写的一本实验教学指导书,全书共 18 个实验,包括"通信原理"课程的数字基带信号、数字调制、模拟相环与载波同步、数字解调、全改字锁相环与位同步、帧同步、数字基带通信系统、2DPSK 和 2FSK 通信系统、AM 调制解调、抽样定理与 PAM 系统、PCM 编译码、增量调制编译码、话音信号多编码通信系统、码型变换、数字多路数据单路传输、汉明码编译码、噪声及其对通信系统的干扰以及眼图测量等主要实验内容及相关实验仪器使用。

　　本书可作为普通高等学校本科、成人高等学校的通信、电子、计算机应用、信号检测和自动化等专业的通信原理实验教材,也可作为相关专业学生和工程技术人员的参考书。

图书在版编目(CIP)数据

通信原理实验教程:含报告册/张会生,赵瑄,孟昭红编 . 一西安:西北工业大学出版社,2017.3
(2020.8 重印)
　ISBN 978 - 7 - 5612 - 5219 - 2

　Ⅰ.①通…　Ⅱ.①张…　②赵…　③孟…　Ⅲ.①通信原理—实验—高等学校—教材
Ⅳ.①TN911 - 33

　中国版本图书馆 CIP 数据核字(2017)第 025178 号

策划编辑:华一瑾
责任编辑:华一瑾

出版发行:西北工业大学出版社
通信地址:西安市友谊西路 127 号　　　邮编:710072
电　　话:(029)88493844,88491757
网　　址:www.nwpup.com
印 刷 者:兴平市博闻印务有限公司
开　　本:787 mm×1 092 mm　　　1/16
印　　张:15
字　　数:336 千字
版　　次:2017 年 3 月第 1 版　　　2020 年 8 月第 2 次印刷
定　　价:38.00 元(全 2 册)

实验报告要求

　　实验报告是以书面的形式反映实验完成的内容及过程，整理记录实验数据、波形、结果，分析实验现象，表述实验方法、条件、结论等，全方位反映的实验效果，要求必须认真做好。

　　实验报告的内容应符合实验教程的要求，应包括以下几项内容：

　　(1)实验目的。

　　(2)实验使用仪器设备(仪器名称、型号等)。

　　(3)实验的主要工作原理及实验电路分析。

　　(4)测试结果(包括所测数据、曲线、波形和必要的计算等)。

　　(5)结论(包括实验结果分析、理论分析及产生误差的原因分析等)。

　　(6)体会及思考题解答。

编　者

2016 年 3 月

目　　录

实验报告 1

实验名称_____

实验日期_____组别_____评分_____指导教师签字_____

实验报告 2

实验名称＿＿＿＿＿＿＿＿＿＿＿＿＿＿＿＿＿＿＿＿＿＿＿＿＿＿＿＿

实验日期＿＿＿＿＿＿＿组别＿＿＿＿评分＿＿＿＿指导教师签字＿＿＿＿＿＿

实验报告 3

实验名称_____

实验日期_____组别_____评分_____指导教师签字_____

实验报告 4

实验名称_____

实验日期_____组别_____评分_____指导教师签字_____

实验报告 5

实验名称＿＿＿＿＿＿＿＿＿＿＿＿＿＿＿＿＿＿＿＿＿＿＿＿＿＿＿＿＿＿＿＿＿＿

实验日期＿＿＿＿＿＿＿＿＿组别＿＿＿＿＿评分＿＿＿＿＿指导教师签字＿＿＿＿＿＿＿＿

实验报告 6

实验名称_____

实验日期_____组别_____评分_____指导教师签字_____

实验报告 7

实验名称_____

实验日期_____组别_____评分_____指导教师签字_____

实验报告 8

实验名称_____

实验日期_____组别_____评分_____指导教师签字_____

实验报告 9

实验名称_____

实验日期_____组别_____评分_____指导教师签字_____

实验报告 10

实验名称_____

实验日期_____组别_____评分_____指导教师签字_____

实验报告 11

实验名称＿＿＿＿＿＿＿＿＿＿＿＿＿＿＿＿＿＿＿＿＿＿＿＿＿＿＿＿＿＿

实验日期＿＿＿＿＿＿＿＿组别＿＿＿＿＿评分＿＿＿＿＿指导教师签字＿＿＿＿＿＿

实验报告 12

实验名称_____

实验日期_____组别_____评分_____指导教师签字_____

实验报告 13

实验名称＿＿＿＿＿＿＿＿＿＿＿＿＿＿＿＿＿＿＿＿＿＿＿＿＿＿＿＿＿＿＿＿

实验日期＿＿＿＿＿＿＿＿组别＿＿＿＿评分＿＿＿＿指导教师签字＿＿＿＿＿＿

实验报告 14

实验名称＿＿＿＿＿＿＿＿＿＿＿＿＿＿＿＿＿＿＿＿＿＿＿＿＿＿＿＿＿＿＿＿＿

实验日期＿＿＿＿＿＿＿＿组别＿＿＿＿评分＿＿＿＿指导教师签字＿＿＿＿＿＿

实验报告 15

实验名称_____

实验日期_____组别_____评分_____指导教师签字_____

实验报告 16

实验名称_____

实验日期_____组别_____评分_____指导教师签字_____

实验报告 17

实验名称_____

实验日期_____组别_____评分_____指导教师签字_____

实验报告 18

实验名称＿＿＿＿＿＿＿＿＿＿＿＿＿＿＿＿＿＿＿＿＿＿＿＿＿＿＿＿

实验日期＿＿＿＿＿＿＿＿组别＿＿＿＿评分＿＿＿＿指导教师签字＿＿＿＿＿＿＿